高加速度

与试验技术

段正勇 等 著

High Acceleration Shock Excitation and Test Technology

化学工业出版社

·北京·

内容简介

高加速度冲击过载是一种极端条件下的物理现象，主要出现在一系列高能量、高速度的场景中，在机械、航空、航天、车辆、高铁以及军事等领域有重要应用。本书以高加速度冲击激励的测试与仿真为核心，介绍了冲击过程的时域特征、频域特征、多种试验方案以及相关波形调制技术。

本书适宜机械、航空、航天、车辆、高铁以及军事等领域的技术人员参考。

图书在版编目（CIP）数据

高加速度冲击激励与试验技术 / 段正勇等著.
北京：化学工业出版社，2025. 5. -- ISBN 978-7-122
-47597-8
Ⅰ．TG14
中国国家版本馆 CIP 数据核字第 202517MV62 号

责任编辑：邢 涛　　　　　　　　文字编辑：蔡晓雅
责任校对：宋 玮　　　　　　　　装帧设计：韩 飞

出版发行：化学工业出版社
　　　　　（北京市东城区青年湖南街 13 号　邮政编码 100011）
印　　装：北京印刷集团有限责任公司
710mm×1000mm　1/16　印张 15¼　字数 300 千字
2025 年 6 月北京第 1 版第 1 次印刷

购书咨询：010-64518888　　　　　售后服务：010-64518899
网　　址：http://www.cip.com.cn
凡购买本书，如有缺损质量问题，本社销售中心负责调换。

定　　价：138.00 元　　　　　　　　版权所有　违者必究

前　言

高加速度（高 g 值，1g＝9.8m/s^2）冲击过载是一种极端条件下的物理现象，其产生的加速度往往达数百 g，甚至高达惊人的 20 万 g 以上。这种极端冲击环境主要出现在一系列高能量、高速度的场景中，诸如火工品爆炸、发动机点火、高速气动与大气再入过程，以及汽车和高速列车的剧烈碰撞、冲压锻造、冲模冲孔、冲击钻探等过程。更为关键的是，它在军事领域也扮演着至关重要的角色，如火箭弹、导弹、巡航导弹、穿甲弹、半穿甲弹和侵彻弹等高速侵彻硬目标的过程中。这些领域不仅关系到国家的科技进步，更是航空、航天、武器装备及国防科技等核心领域的重要支撑。因此，对高加速度冲击激励与试验技术的深入研究是冲击动力学的研究方向之一，也始终占据着该领域的科研前沿，这对于推动我国在相关领域的发展具有极其重要的战略意义。

高加速度冲击过载环境的独特特征是过载加速度峰值惊人、脉冲作用时间短暂、破坏力巨大且响应机制极为复杂，对置身其中的元器件及其系统的结构可靠性与安全性、性能稳定与持久性等方面提出了严苛的要求。这对科研人员开发和优化此类元器件及系统构成了巨大的挑战。以硬目标侵彻武器的研发为例，为确保侵彻武器的结构设计合理、性能达标、可靠性经受住考验，需对炸药的效能进行精确检测，确保炸点控制系统符合战术技术要求，并验证炸药在高过载环境中的安全性和可靠性。这一过程中，选择合适的试验装置、确定有效的试验方法、研究先进的测试技术及校准系统等，进行多种类、多批次、重复性的模拟试验变得至关重要。因此，通过实验室模拟高加速度冲击过载环境成为了科研人员不可或缺的研究手段。

经过多年的深入研究和实践探索，高加速度冲击过载激励与试验技术已取得了显著的进步。然而，仍有一些关键技术环节需要进一步研究和突破，比如如何研发出试验范围更广、可靠性更高、成本更低的冲击加速度脉冲环境激励技术。这不仅是科研领域的重要课题，更是推动相关领域技术发展的关键所在。

本书是在综合作者多年实践成果的基础上，结合最新书籍和期刊论文的研究成果精心编写而成的。我们期望本书能为高加速度冲击领域的科研人员、高校师生提供有价值的参考与帮助，推动该领域的进一步发展。本书共分7章：

第1章为绪论，引领读者踏入高加速度冲击过载环境激励与试验技术的广阔领域，全面勾勒其基本概念、发展历程、研究意义及当前面临的挑战。通过深入浅出的介绍，为后续章节奠定坚实的理论基础与探索框架。

第2章聚焦于冲击过程的时域特征，系统剖析了多种理想冲击加速度波形函数的数学表达与物理含义。通过严谨的理论推导，深入探讨了冲击过程中的位移、速度、加速度、脉宽及速度变化量的动态变化规律，辅以实际高加速度冲击案例，直观展示冲击信号的时域特性。同时，引入时域矩分析方法，为深入理解冲击响应特性提供新视角。

第3章深入高加速度冲击信号的频域世界，全面解析傅里叶谱、能量谱、冲击响应谱及独特的伪速度谱等关键概念。通过对比分析常见理想高加速度冲击加速度信号的频谱特性，揭示了冲击响应谱的计算精髓与数值处理的微妙之处。尤为值得一提的是，本章深入探讨了伪速度谱在评估被试件失效机理中的应用价值，以及影响其精度的多种因素，为优化冲击试验设计提供了科学依据。

第4章系统性地梳理了高加速度冲击试验的国际、国内标准及其发展历程，展示了当前主流的高加速度冲击试验设备与技术方法。通过对比分析不同试验设备的特点与应用范围，为读者选择适合的试验方案提供了实用指南。

第5章针对轻小被试件的特殊需求，创新性地提出了基于多物体碰撞速度放大原理的高加速度冲击激励技术。详细阐述了基于一级速度放大器的试验方案设计、设备研制及成功案例，展示了该技术在提升冲击效能、降低试验成本方面的显著优势。

第6章则聚焦于大质量、大体积被试件的高加速度冲击激励挑战，介绍了气体炮技术、冲击气缸技术等传统方法在大负载场景下的应用。更为重要的是，基于空气炮原理，创新性地提出了一种新型大负载高加速度冲击激励技术，并成功研制出相应试验设备，取得了很好的实际效果。

第7章深入探讨了高加速度冲击试验中的波形调整技术，包括 Hopkinson 压杆与跌落冲击激励中的波形整形方法。特别地，详细阐述了橡胶型波形整形器的设计思路，为解决高加速度、长脉宽激励技术难题提供了新思路。

本书的第1、2、4三章主要由重庆城市职业学院李阳博士执笔，其余章节均由重庆文理学院段正勇博士执笔，并完成统稿工作。在本书的仿真分析中，得到了段正勇博士的研究生马健程硕士的大力支持。同时，在漫长的研究历程中，我们得到了多方的大力帮助和支持。西安交通大学赵玉龙教授以其深厚的学术造诣和独到的见解，为我们提供了宝贵的指导和建议。南阳理工学院、苏州东菱振动试验仪器有限公司以及重庆文理学院等单位的领导和同事们也给予了热情的帮助和支持，为本书的完成提供了诸多便利，在此表示衷心的感谢。

特别值得一提的是，我们的家人也给予了极大的支持和理解。在繁忙的工作之余，她们承担了更多的家庭劳动和孩子的教育任务，让我们能够全身心地投入研究和写作中。她们的付出和牺牲，是我们能够顺利完成本书的重要保障。在此，我们向所有给予支持和帮助的家人表示衷心的感谢和深深的敬意。

由于作者学识和能力所限，本书中的某些内容可能尚显稚嫩，甚至可能存在疏漏或谬误。我们深知学术研究的道路永无止境，真诚地希望广大读者能够不吝赐教，对书中的不足之处提出宝贵的批评和建议。您的赐教将是我们不断进步的重要动力，也是我们不断完善和提高的宝贵财富。在此，我们衷心感谢每一位读者的关注和支持，期待与您共同推动相关领域的研究和发展。

段正勇

2024.10

目　录

第 1 章

绪　论

1.1　高加速度冲击的基本概念

首先，我们需要清晰界定冲击的基本概念。《冲击与振动手册》[1] 中，冲击被描述为一种定义相对宽泛的振动形式，其特点是激扰的非周期性，诸如脉冲式、阶跃式或瞬态振动等表现形式。冲击一词本身便蕴含了突然且强烈的意味。从分析的角度来看，冲击的重要特性在于，系统受到冲击作用后所产生的运动不仅涵盖了冲击激励的频率，还涉及了系统的固有频率。

GB/T 2298—2010《机械振动、冲击与状态监测　词汇》[2] 中对冲击的定义如下：当系统或其某一部分受到突然、急剧且非周期性的激励时，若此激励发生的时间远快于系统的固有振动周期，由此产生的状态骤然变化便称之为冲击。一般而言，为了描述这种冲击运动，我们采用一个冲击参量随时间的变化关系来量化，这个参量可以是诸如加速度、速度、位移等描述运动状态的物理量，也可以是如力、压力、应力、力矩等反映载荷情况的物理量。

GJB 150.18A—2009《军用装备实验室环境试验方法　第 18 部分：冲击试验》[3] 中对冲击的描述如下：冲击是指短时间内作用在装备上的高量级输入力脉冲，涵盖了机械冲击、弹道冲击等多种环境类型。其中，机械冲击环境的频率范围通常不会超过 10000Hz，且其持续时间不会超过 1.0s。特别地，在多数机械冲击情况下，装备的主要响应频率不会超过 2000Hz，而响应的持续时间则通常不会超过 0.1s。

GJB 150.29—2009《军用装备实验室环境试验方法　第 29 部分：弹道冲击试验》[4] 对弹道冲击的描述为：一种通常由炮弹或弹药击中装甲战车所导致的高量级冲击。弹道冲击技术只能相当有限地定义和量化实际冲击现象。在冲击量级确定、冲击传播和冲击防护方面，弹道冲击的分析计算方法也滞后于测量技术。迄今为止，正在研究和使用的分析方法的计算结果还不可信，不足以取消对实际测试的需求。这就是说，除了最简单的结构形式以外，一般很难对弹道冲击的响应进行预示。当装甲车辆受到未穿透的大口径炮火撞击或爆炸的作用时，一个强度非常高、持续时间相对较短的力载荷施加于局部的结构，整个车辆受到表面和穿过结构的应力波的作用。在某些情况下，可用火工品冲击模拟弹道冲击。

弹道冲击通常表现为两个物体之间或流体与固体之间的动量交换。这一般导致支承装备的速度变化。弹道冲击在 100Hz 以下具有以下特征：

适度地远离激励源的给定点的冲击响应幅值是交换动量的函数。弹道冲击包含材料波传播的特征（可能有相当大的非线性），但材料一般会变形，并且除了材料固有阻尼以外，还伴随有结构阻尼。对于弹道冲击，连接结构不一定导致较大的衰减，原因是低频结构响应通常容易穿过接头。装备在战场上的弹道冲击响应一般是难以预示的，并且不能在装备中复现。

弹道冲击是由弹性或非弹性撞击一个结构所引起的全部材料和机械响应所表征的物理现象。这类撞击可能在一点、一个小的有限区域中或一个较大的区域中产生非常高速率的动量交换。高速率的动量交换可能由两个弹性体的碰撞或施加于表面的压力波所产生。弹道冲击环境的一般特点如下：

◇ 高材料应变速率（材料非线性区域），造成结构中激励源附近的应力波扩散到近场及其之外。

◇ 非常宽频带的输入（10Hz～1000kHz）。

◇ 伴随比较高的结构速度和位移响应的高加速度（300～1000000g，$1g = 9.8\text{m/s}^2$）。

◇ 短持续时间（<180ms）。

◇ 很高的结构剩余位移、速度和加速度响应（在冲击事件之后）。

◇ 由两个弹性体的非弹性碰撞所产生；或者非常高的流体压力，在短时间周期内施加于直接相连到结构上的一个弹性体表面所产生。具有点激励源输入，即如同碰撞情况下的高度局部化的输入，或者面激励源输入，即如同压力波情况下的大面积散布。

◇ 比较高的结构驱动点阻抗（p/v，其中，p 是碰撞力或压力，v 是结构速度）。在激励源上，相对于较高的材料速度，阻抗可能大幅度降低。

◇ 响应时间历程在本质上是高度随机的，即重复性很小，并且非常依赖于结构的细节。

◇ 结构上各点的响应稍微受结构不连续性的影响。

◇ 结构响应可能伴随着由非弹性撞击或流体爆轰波产生的加热。

◇ 结构对弹道冲击的响应的性质表明：装备或其部件很难按位于弹道冲击装置的"近场"或"远场"分类。接近激励源的装备通常经受高频的高加速度，而远离激励源的装备通常将经受由结构滤波所导致的低频的高加速度。

结合上述各标准关于冲击的描述以及工程实际经验，当描述加速度值较高的冲击运动时，由于加速度数值巨大，我们常采用重力加速度 g 作为计量单位。根据冲击试验所测得的加速度时间历程，本书将冲击加速度峰值达到数百 g 值至超过 20 万 g 值的冲击现象，统一称为高加速度冲击。

为了全面描述高加速度冲击在时间域的特性，仅仅依赖加速度峰值是不够的。我们还需要深入掌握冲击加速度脉冲的持续时间（即脉冲宽度）以及脉冲波形。一旦我们掌握了这三个关键数据，并结合产生高加速度冲击现象的系统质量及相关力学参数，就能准确了解系统中关注点的力、能量、速度的变化情况。此外，通过对加速度信号进行频域或响应谱分析，我们还能进一步了解关注结构测点的频率分布范围和分布情况，从而为工程实践提供更为全面和深入的分析依据。

1.2 常见的高加速度冲击现象

高速碰撞常常伴随着高加速度冲击现象的产生。诸如车辆事故（如图 1.1）、高速列车脱轨、航空航天器坠毁（如图 1.2）以及弹丸侵彻（如图 1.3）等场景，均涉及两个物体以极高速度相互碰撞的情况。在碰撞过程中，物体间的相互作用力迅速攀升，导致物体速度发生急剧变化，进而产生高加速度冲击现象。这种冲击的剧烈程度受多种因素影响，包括参与碰撞物体的质量、速度、碰撞角度以及碰撞时间等。一般而言，质量和速度的差异越大，冲击力也越大，从而产生更高的加速度。同时，碰撞角度的不同会改变冲击力的方向和大小，进而影响加速度的数值和方向。此外，碰撞时间越短，冲击力就越大，相应地，加速度也会更高。

基于上述原理，现在众多高加速度冲击试验技术都是根据碰撞原理研制或进行试验研究的。这些技术包括但不限于垂直跌落台、垂直冲击台、卧式冲击台、马歇特锤（摆锤）、气体炮、轨道橇（如图 1.4）以及实弹侵彻等。这些试验设备和方法为研究和理解高加速度冲击现象提供了重要的工具和途径[5]。

图 1.1　汽车高速对撞

图 1.2　航天器坠毁

图 1.3　弹丸侵彻

图 1.4　轨道橇试验

　　爆炸过程中通常会产生高加速度冲击现象。无论是化学爆炸还是物理爆炸（如炸药爆炸、气体爆炸等），都会在爆炸中心及周围的物体上产生极大的瞬时力量，导致周围介质（如空气、水和固体材料）迅速加速，形成高加速度冲击。爆炸所产生的冲击波对周围环境产生影响的区域分为近场、中场和远场。近场是指结构上离爆炸源足够近的位置，在这个区域内，压力波的性质非常复杂，包括辐射场和静场的叠加。静场占据主导地位，但其能量按照距离的平方衰减。由于近场距离爆炸源非常近，因此冲击波的压力、温度和能量密度都非常高。这可能导致周围介质（如空气、水或土壤）发生剧烈的物理和化学变化，如气体压缩、温度升高、化学反应等。此外，近场还可能受到爆炸碎片的直接冲击，产生极高的高加速度冲击现象。中场是指位于爆炸源半径的几倍至十几倍的范围，在这个区域内，爆炸冲击波已经开始衰减，但其能量仍然相对较高，将引起周边结构响应，冲击波和结构振动冲击导致建筑物、设备等发生破坏和失效。远场是指大于爆炸源半径的 20 倍的区域。在这个区域内，冲击波的超压和能量密度相对较低，但由于传播速度较快，作用时间较短，因此可能对建筑物和设备造成瞬时的冲击破坏。

　　火箭发射点火过程（如图1.5）以及航天飞机飞行中的助推火箭分离过程（如图1.6）也会产生高加速度冲击现象。在火箭发射过程中，火箭需要迅速克服地球的引力，以便将有效载荷送入太空。为了实现这一目标，火箭发动机需要产生巨大的推力，因此往往设计多级助推器。火箭进入太空后，需要在适当的时候将已经用完的燃料级与火箭分离。级间分离过程中，火箭箭体将受到巨大的冲击作用，将伴随高加速度冲击现象。这对于火箭的结构设计、材料选择以及任务的成功都至关重要。通过精心的设计和控制，才可以确保火箭在经历这些高加速度过程时仍然能够保持安全和稳定。

图1.5　火箭发射点火

图1.6　助推火箭分离

1.3　高加速度冲击的利用与防护

　　针对高加速度冲击问题的研究，长期以来，我们面临着两大核心挑战。其一，如何有效地缓和冲击，确保系统及其各个组件能够抵御冲击的破坏作用，保持其完整性和功能性；其二，如何巧妙地利用冲击，使被冲击对象按照预期发生变形和破坏，以满足特定的工程需求或实现特定的应用目标。这两个方面相互关联又各有侧重，共同构成了高加速度冲击研究的重要领域。通过深入研究和不断创新，我们希望能够找到更为有效的方法和技术，以应对各种高加速度冲击问题，为工程实践提供更为可靠和高效的解决方案。

1.3.1 高加速度冲击的利用

（1）在军事国防装备方面的开发和利用

在军事国防领域，进攻与防御装备犹如"矛与盾"，既相互制衡，又彼此推动发展。在现代高科技的推动下，这两类武器装备的研制取得了显著进步，且仍在持续高速发展。在防御层面，单纯依赖传统方法已难以确保安全，多年的实践与论证使"地下比地上更安全"的理念深入人心。因此，各国纷纷将具有重大战略价值的军事目标，如军事指挥中心、战略交通设施、通信与控制设备等，转移至地下，并构建了一系列新型加固防御工事。

从进攻的角度来看，如何有效打击并摧毁这些深层次的、坚固的地下目标成为了一个重要课题。为此，动能侵彻弹应运而生，并在近年来的局部战争中发挥了关键作用。然而，它的出现也带来了一个亟待解决的新问题：弹药组件在高过载条件下的安全性，特别是火工品。火工品作为弹药的敏感含能元器件，是弹药误爆的潜在源头，它必须在发射和侵彻过程中具备耐高过载的能力，确保在指定深度准确引爆战斗部，从而摧毁敌方地下军事目标。

目前，火工品耐过载能力的评估方法尚不完善，存在有耐过载指标要求而无有效评估手段的被动局面，这严重制约了火工品耐过载技术的发展，进而阻碍了动能侵彻弹药的整体进步，成为侵彻弹药技术发展的瓶颈。因此，开展火工品耐过载动态试验与评估技术的研究，对于推动动能侵彻弹药的发展具有极其重要的意义，且势在必行。

在今日以和平发展为主旋律的世界中，局部、小规模的战争仍不时爆发。尤其近几年，世界格局发生深刻变化，各国间的军事冲突及非军事潜在冲突，因利益纠葛而不断升级，甚至直接爆发战争。当矛盾难以调和，敌对双方最终可能不得不选择军事手段来解决争端。此时，各式各样具备强大破坏力的"高加速度冲击加速度脉冲武器"便成为关键，它们能够摧毁敌方的各种"防御工事"，从而达成战胜对手的目的。

关于高加速度冲击的研究，其核心在于如何制造出更具破坏力的"高加速度冲击武器"。全球范围内，各国纷纷研制出各类穿甲弹、钻地弹（如图1.7）、空地导弹、空空导弹、水雷及鱼雷等攻击性武器，它们均具备惊人的破坏力。这种破坏力的核心指标便是弹体在侵彻目标时产生的高加速度冲击水平。当这些弹体撞击不同目标时，其撞击加速度可高达 $20\sim80g$，若借助火箭等技术进行加速，撞击加速度更可攀升至 $100\sim200g$，产生的加速度信号有时甚至高达 2×10^5g，甚至更高，相应的速度变化量则达到 $10^5\,\mathrm{m/s}$。这些武器在实战中，能够深入地下 30～200m，穿透混凝土或岩石的深度也可达到 3～18m，展现出其强大的破坏潜能[6]。

图 1.7　美国的巨型钻地弹

（2）在冲击机械方面的开发和利用

在矿山开采中，凿岩机、潜孔机、风镐、碎石机等设备发挥着重要作用；在土木建筑工程领域，打桩机、夯实锤、射钉机等不可或缺；而在机械加工行业，锻锤、冲床、铆钉机、剁锉机等机械则扮演着关键角色。此外，高加速度冲击加速度测试装置，如霍普金森压杆试验装置、空气炮、垂直冲击台、摆锤装置等，也是科学研究中不可或缺的工具。这些机械虽然应用于不同的领域，内部结构各有特色，但它们的工作原理却颇为相似：在重力、弹力、液压力、气压力、蒸汽压力甚至爆炸等力量的作用下，冲击机械中的冲击件加速运动，随后以一定的速度直接或通过中间物体间接撞击工作对象，从而产生巨大的冲击能，以实现各种预定功能。

高加速度冲击的应用还广泛存在于普通工业生产中，如爆炸焊接（如图 1.8）、爆炸成型、爆炸切割等工艺，以及冲击压实、冲击合成等技术。此外，

图 1.8　爆炸焊接及焊接成品

在抗冲击材料的研制和高速制造等领域，高加速度冲击也发挥着关键作用。这些应用不仅展示了高加速度冲击的多样性和实用性，也体现了其在现代工业生产中的重要地位。

1.3.2 高加速度冲击的缓冲或隔离

高加速度冲击产生的巨大加速度，会对冲击系统中的所有零部件施加巨大的冲击惯性载荷，从而产生极强的破坏力。同时，这种冲击引发的振动频率极高，往往超过 10kHz，使得能量在短时间内迅速传递至受冲击系统的各个部位。特别是系统中的线性操作器件，例如加速度传感器和陀螺仪，在高频冲击的影响下，其正常工作可能受到严重影响，甚至损坏。

对于高加速度冲击的研究，关键在于如何有效地隔离或缓冲高加速度过载环境，进行抗高过载设计。这样做的目的是保护处于高加速度冲击过载环境下的系统及其零部件，防止因过大的相对位移导致连接线路断裂或脱落，以及防止系统因偏离正常位置而受损。为达到这一目的，常采用以下两种方法。

首先，采用高强度材料制作零部件，并优化其结构[7]（如图 1.9）及连接方式，改善各部件之间的连接关系。同时，通过封装固化（如图 1.10）等措施提高结构本身的抗高过载能力。例如，在弹载测试电子系统中，广泛采用全贴片封装、环氧树脂整体灌封和石蜡缓冲灌封等技术，这些措施能有效提升系统在高加速度冲击过载环境下的可靠性和存活率。

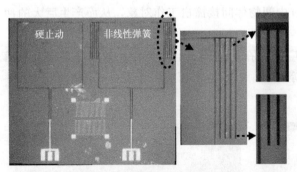

图 1.9　压电 MEMS（微机电系统）加速度　　　　图 1.10　弹载测试系统
　　传感器抗冲击过载设计的微结构　　　　　　　　　　灌封固化

其次，加装隔振缓冲装置，利用减振元件的储存和耗散能量机制，减小传递到零部件上的冲击峰值，改善结构的受力环境，从而降低高加速度冲击对结构体的影响。例如，Sang-Hee Yoon、A. Britan 等介绍的微粒缓冲器（如图1.11）便是这方面的有效应用[8-10]。

图 1.11　微粒缓冲及试验

1.4　高加速度冲击的重要性及其研究方法

为了高效地利用高加速度冲击，或者有效地规避其潜在的危害，我们有必要对其展开全面而深入的研究。这不仅要求我们充分掌握高加速度冲击环境的独特性质，还需深入理解在该环境下器件或系统的动力学行为、损伤机理以及相应的保护策略。迄今为止，针对高加速度冲击的研究方法已涵盖了理论研究、仿真分析、试验研究以及这三种方法相结合的综合性研究。不论采用何种研究方法，其终极目标都是为了解决实际的工程问题，确保在高加速度冲击环境下，相关器件和系统的性能与安全性得到有力保障。

1.4.1　理论研究

理论研究作为实践的基石，为实际应用提供了明确的指导方向。特别是在高加速度冲击的研究领域，理论研究的重要性更是不可忽视。它涵盖了激励原理与方法的探索，冲击系统材料特性和结构动力学行为的深入分析，以及试验测试原理与方法的研究等多个方面。同时，冲击信号的分析方法以及高加速度冲击环境下被试件失效机理的探究，也是理论研究的重要组成部分。这些研究领域涉及多个学科的交叉融合，为全面理解高加速度冲击现象提供了丰富的理论支撑。因此，通过深入的理论研究，我们可以为后续的试验研究和实际应用奠定坚实的基础，推动高加速度冲击领域的研究不断向前发展。

（1）高加速度冲击环境的激励原理和方法理论研究

激励原理与方法在高加速度冲击激励与试验技术的研究中占据着举足轻重的地位，它们不仅决定了实现高加速度冲击环境的难易程度与成本高低，还直接影响着 g 值水平的达成以及被试件的质量大小。例如，第 4 章将要详细阐述的 Hopkinson 压杆技术，正是基于一维弹性杆的应力波原理进行设计的。

这一技术涵盖了应力应变理论、弹性应力波理论以及碰撞接触理论等众多核心知识。与此同时，诸如跌落冲击台、卧式冲击台、摆锤、气体炮等冲击试验设备，都是基于碰撞原理或多物体碰撞速度放大原理而研制的。在这些设备中，激励原理与方法的运用同样至关重要。无论是通过自由落体获取碰撞初速度，还是利用气动、电磁推动、弹簧驱动，或是这些方法的结合，都需要根据被试件的质量、冲击试验的 g 值要求、脉冲宽度及波形等因素进行深入研究。这一过程中，必然涉及丰富的理论知识。例如，若采用空气炮驱动以获取碰撞初速度，那么就需要深入研究空气爆炸理论和气体膨胀理论；若选择电磁推动技术来实现碰撞初速度，那么电磁推动理论研究则成为不可或缺的一部分。此外，多物体碰撞理论、动力学理论，包括弹性力学、塑性力学以及弹塑性力学等，都是研究过程中不可或缺的理论支撑。总之，无论采用何种激励方法，都需要对激励装置的结构原理和方法进行深入探究。这些研究不仅有助于优化冲击试验设备的设计，还能为获取高质量、高加速度的冲击环境提供理论支持和技术保障。

（2）冲击系统材料特性与结构动力学理论研究

冲击系统材料特性与结构动力学的理论研究涵盖了多个方面，旨在深入理解材料在冲击作用下的行为表现以及结构动力学对冲击响应的影响。

首先，关于冲击系统材料特性的理论研究，主要关注材料在受到冲击载荷时的力学性能和响应机制。这包括材料的强度、韧性、塑性变形能力、断裂韧性（如图 1.12）等关键特性。通过实验研究、理论建模和数值模拟等手段，研究人员致力于揭示材料在冲击作用下的微观结构演变、应力波传播规律以及能量耗散机制。这些研究有助于为冲击系统的设计提供合适的材料选择，并优化材料的性能以提高整个系统的抗冲击能力[11-13]。

其次，结构动力学是冲击系统研究的另一个重要方面。结构动力学主要关

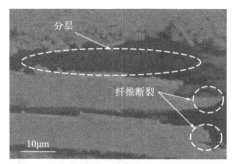

图 1.12　碳纤维材料在高加速度冲击下的断裂 SEM 照片

注结构在受到冲击载荷时的动态响应和振动特性。这包括结构的固有频率、阻尼特性、模态形状等。通过建立结构的动力学模型，并进行仿真分析，研究人员可以预测结构在冲击作用下的响应行为，并评估其稳定性和安全性。

同时，结构动力学的研究还可以指导结构的优化设计，通过改变结构的几何形状、材料分布或连接方式等，来改善结构的抗冲击性能。在冲击系统材料特性与结构动力学的理论研究中，还需要考虑两者之间的相互作用和相互影响。材料的特性决定了结构在冲击作用下的响应行为，而结构的动力学特性又会对材料的应力分布和变形模式产生影响。所以需要综合考虑材料特性和结构动力学，研究多尺度、多物理场的耦合模型，以更准确地描述冲击系统的行为表现。

（3）高加速度冲击试验测试原理与方法理论研究

高加速度冲击试验测试原理与方法的理论研究内涵丰富而复杂，它涵盖了多个关键领域和核心要素。

首先，高加速度冲击试验的核心在于模拟和测试极端环境下的冲击效应。因此，其测试原理主要基于动力学和冲击力学的基本原理，通过精确控制冲击加速度、时间和方向等参数，以模拟真实或更极端的冲击环境。这涉及对冲击波形、峰值加速度、冲击持续时间等关键参数的深入理解和精确控制。

其次，测试方法的选择和设计是高加速度冲击试验的关键。根据不同的测试需求，研究人员可能采用跌落冲击、碰撞冲击、爆炸冲击等多种测试方法。每种方法都有其特定的适用场景和优缺点，因此，需要根据被试件的材料特性、结构设计和预期冲击环境等因素进行综合选择。

此外，对于测试数据的获取、处理和分析也是理论研究的重要部分。这包括使用各种传感器和测量设备来实时监测和记录冲击过程中的各种参数，如加速度（如图 1.13）、速度、位移等。同时，还需要运用信号处理技术、数据分析方法等手段，对获取的测试数据进行深入分析和处理，以提取出有用的信息和特征。

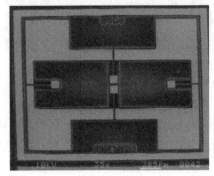

图 1.13 美国 Endevco 7270A 200K 压阻式高加速度传感器（20 万 g 值量程）芯片及封装体

在理论研究层面，还需要对冲击过程中的材料变形、断裂失效机理等进行深入研究。这涉及材料的力学性质、应力应变关系、断裂韧性等多个方面。通过理论建模和仿真分析等手段，可以深入理解材料在冲击作用下的行为表现，为试验设计和数据分析提供理论支持。

最后，高加速度冲击试验的理论研究还需要关注试验设备的设计和优化。这包括试验机的结构设计、控制系统的开发、安全防护措施的设置等。通过不断优化试验设备，可以提高测试的准确性和可靠性，同时降低测试过程中的风险和成本。

（4）高加速度冲击信号分析的理论研究

冲击信号分析理论研究的内涵主要聚焦于对冲击过程中产生的信号进行深入剖析和理解，以揭示其内在的物理特性和行为规律。这涵盖了信号的获取、预处理、特征提取以及解释等多个关键环节，是冲击科学和技术中不可或缺的一部分[14-16]。

首先，冲击信号分析的基础在于准确获取冲击过程产生的信号。这通常涉及使用高精度的传感器和测量设备，以捕捉冲击事件中的动态变化。获取的信号可能包含噪声和其他干扰因素，因此需要进行预处理，如滤波、去噪和归一化等，以提高信号的质量和分析的准确性。

其次，特征提取是冲击信号分析的核心环节。通过对预处理后的信号进行深入分析，这涉及数值计算、算法研究等，可以提取出反映冲击特性的关键参数和指标。这些特征可能包括冲击的峰值、持续时间、能量分布、波形形态等，它们能够为我们提供关于冲击强度、作用方式和材料响应等方面的信息。

在特征提取的基础上，冲击信号分析还需要对提取的特征进行解释和建模。这涉及利用物理原理、数学工具和统计方法，对冲击信号进行定量和定性的描述。通过建立冲击信号与材料性能、结构响应之间的关系模型，我们可以深入理解冲击作用下的材料行为和失效机理，确定冲击作用下被试件的损伤边界[17,18]（如图 1.14）等，为冲击防护和结构设计提供理论支持。

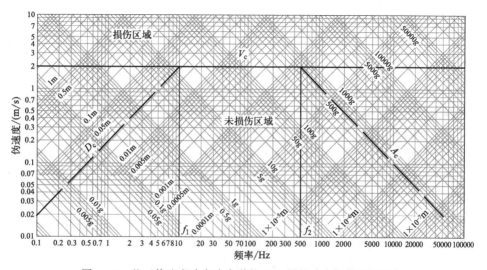

图 1.14 基于伪速度冲击响应谱的 4CP 图的冲击损伤边界研究

此外，冲击信号分析理论研究还需要关注信号分析方法的创新和发展。随着科学技术的不断进步，新的信号分析技术和方法不断涌现，如时频分析、小波分析、机器学习等。

1.4.2 仿真分析

仿真分析在高加速度冲击研究中发挥着举足轻重的作用。在尚未进入试验阶段之前，仿真分析能够在较短的周期内、以较低的成本揭示高加速度冲击环境下关键特性的变化规律。一旦分析结果与预期不符，研究人员能够迅速调整相关参数，进行重新设计或优化设计，直至达到预期效果。此外，仿真分析还提供了模拟试验的可能性，为实际试验提供了重要的参考依据。

随着计算机及信息技术的迅猛发展，特别是超算中心的不断涌现，碰撞和冲击的仿真分析软件得到了广泛而深入的应用。目前，业界已涌现出多款适用于冲击动力学仿真分析的软件，如 ANSYS 旗下的 LS-DYNA 和 AUTODYN、MSC. Software 公司的 MSC-DYTRAN、SIMULIA 公司的 ABAQUS-EX-PLICIT、中物院四所的 PANDA-IMPACT 以及 ESI 集团的 PAM-CRASH 等。这些软件不仅功能强大，而且操作便捷，为研究人员提供了强大的工具支持，推动了高加速度冲击研究的深入发展。

据统计，全球超过 80％的汽车制造商将 LS-DYNA 视为首选的碰撞分析工具，同时，高达 90％的一级供应商也青睐这款工具。近年来，它在高加速度冲击领域的应用也愈发广泛，因此，以下是对其进行的简要介绍。

LS-DYNA 起源于 1976 年，由著名的 J. Q. Hallquist 博士主导开发。1988年，J. O. Hallquist 创建了 LSTC（Livermore Software Technology Corporation）公司，并正式推出了 LS-DYNA 程序系列。如今，LS-DYNA 已跻身国际知名的非线性动力分析软件之列，其应用范围之广，覆盖了汽车工业、航空航天、建筑业以及国防军工等多个重要领域。

在航空航天领域，LS-DYNA 展现了其强大的模拟能力，无论是鸟击、航天器坠落、复合材料结构设计、异物损伤还是火箭级间分离等复杂问题，它都能精准模拟这些物理现象或过程。例如，NASA 喷气推进实验室在火星探路者探测器着陆仿真模拟中，就充分利用了 LS-DYNA 的仿真分析功能，成功模拟了太空探测器利用气囊辅助登陆的复杂过程。

在国防军工领域，LS-DYNA 同样发挥着举足轻重的作用。它被广泛用于分析穿甲与防护、穿甲弹设计、战斗部设计、爆炸冲击波传播、空气或水中爆炸以及侵彻模拟等问题。此外，在反恐破坏模拟方面，LS-DYNA 也展现出了其独特的价值。

在金属加工成形领域，LS-DYNA 同样表现出色。无论是金属冲压、液压成形、锻造、铸造、多阶段过程还是金属切削等金属加工成形方面，它都能提供精准的分析和模拟。

LS-DYNA 具备强大的分析能力和广泛的分析范围，能够模拟真实世界中的各种复杂问题。它特别适合求解二维、三维非线性结构的高速碰撞、爆炸和金属成形等非线性动力冲击问题。此外，其材料模型库丰富多样，提供了近300 种材料模型供用户选择，包括 25 类非金属材料和金属材料模型，细分种类更是多达 77 种。同时，它还具备丰富的单元库、灵活的施加载荷和约束功能，以及 40 多种强大的算法，使得用户在进行模拟分析时能够得到准确而可靠的结果。

总之，LS-DYNA 凭借其卓越的显式动力学仿真能力，能够精准地模拟材料在冲击过程中的变形、应力分布以及能量转换等核心数据，为工程师提供宝贵的参考依据，从而助力他们更高效地解决复杂工程问题。

1.4.3　试验研究

试验研究无疑是高加速度冲击研究中不可或缺的重要一环。正如前面所提及的，激励方法的差异直接影响了获得高加速度冲击环境的难易程度、g 值水平的高低，以及实现成本的高低。特别地，在采用实弹侵彻或轨道橇等试验时，不仅试验的准备周期冗长，而且成本也极为高昂。因此，为了满足众多高加速度冲击试验的需求，我们更需在实验室环境中模拟高加速度冲击环境。故而，实验研究不仅涵盖激励技术与测试方法的研究，还涉及借助试验系统对被试件进行的鉴定、筛查、标定、验收等一系列研究工作。

（1）高加速度冲击激励技术的研究

除如前所述垂直跌落台、垂直冲击台、卧式冲击台、马歇特锤（摆锤）、气体炮、轨道橇等技术外，还有振动模拟台、谐振模拟台、霍普金森杆（Hopkinson）、可控爆炸技术等。这些激励技术有各自的适用场合和特点，应根据试验目的和被试件的试验要求进行选取。如今，随着被试件质量范围的持续扩大，试验对 g 值水平的需求也在不断攀升，同时对脉冲宽度的要求也日趋宽泛，对脉冲波形的精确性要求也日益严格。因此，为满足日益增长且日益复杂的试验需求，开发新型的、专业的激励技术显得愈发迫切和必要[19,20]。

比如，应用于高加速度冲击环境的各类电子器件、MEMS（micro-electro-mechanical system）器件[5,21,22]，冲击过载试验的主要目的是评估器件在冲击过载条件下的性能表现，包括其结构完整性、功能正常性以及可能产生的任何故障或失效模式。通过试验数据的分析和比较，可以为器件的设计优化、生产改进以及应用选择提供重要的参考依据。为了确保冲击过载试验的规范性和一致性，激励技术应满足一些特定的标准和规范，如 MIL-STD-202G 标准、JEDEC 标准、JESD22-B111 标准以及 ISO 13355 标准等，以保证试验过程中获得准确的冲击加速度、脉冲宽度以及脉冲波形，以确保测试的准确性和有效性。

再比如，航空记录仪、引信系统、重要的冲击结构件等大负载被试件的高加速度冲击试验，需要较大的激励能量，对设备的稳定性、精度和可靠性提出了更高的挑战。因此，要求设备具备强大的驱动力和精确的控制系统，以实现对冲击加速度的精确控制，能够产生被试件需要的 g 值水平，以模拟大负载被试件在实际应用中可能遭受的极端冲击条件。激励设备必须能够承受大负载被试件的重量，并在冲击过程中保持稳定。设备应配备有效的能量吸收与缓冲系统，包括使用特殊的吸收材料、设计合理的缓冲结构或采用先进的能量分散技术等，对结构和材料选择应经过严格计算和优化，确保在冲击时不会产生过大的变形或损坏。由于大负载被试件的高 g 冲击试验通常涉及较大的能量和冲击力，因此设备需要具有高可靠性和稳定性，以确保试验过程的准确性和安全性。设备应经过严格的测试和验证，以确保其能够在长时间、高频率的冲击试验中保持稳定的性能。

因此，高加速度冲击激励技术需要关注激励源的设计与优化，这包括激励源的结构设计、能量传递机制以及冲击力的产生与控制等方面。通过精确控制激励源的参数，可以模拟出不同强度和类型的冲击事件，从而实现对材料和器件的全面测试。同时，还需要关注冲击波的传递与衰减规律。在冲击过程中，冲击波在材料和器件内部的传递和衰减特性对其性能具有重要影响。掌握冲击波的传播机制、衰减规律以及与材料和器件的相互作用关系，有助于更准确地评估其性能表现。此外，冲击激励技术还需要与测试设备、数据采集与分析系统相结合，形成完整的测试方案。这包括选择合适的测试设备、设计合理的测试流程以及开发高效的数据处理和分析方法。最后，高加速度冲击激励技术的研究还需要关注其在实际应用中的可行性、可靠性、稳定性、可重复性、环境适应性、便利性，甚至试验成本，通过不断优化技术设计和改进测试方法提高其性能。

（2）高加速度冲击测试方法的研究

对于不同的高加速度冲击试验，所需的测试物理量各有差异；而在同一高加速度冲击试验中，关注区域的不同也会导致所需测试的物理量发生变化。因此，针对不同的试验需求和关注焦点，相应的测试方法也会有所区别[23-25]。

若关注区域处于冲击的近场范围，可以借助高速摄像与图像处理技术，记录冲击过程的动态变化，包括材料变形、裂纹扩展、波传播等。通过图像处理技术，可以提取和分析冲击过程中的关键特征，如变形速率、裂纹速度等；也可以使用红外热像仪记录冲击过程中的变形和温度变化，研究冲击引起的温度变化和热传导过程；也可以利用激光干涉原理，测量冲击过程中材料表面的微小变形，获取材料表面的位移场、速度场等信息，揭示其动态响应机制；也可以通过传感器和数据采集系统，实时测量并记录冲击过程中的力、位移、速度、加速度等参数，分析材料的应力-应变关系、能量吸收等性能，评估其抗冲击能力，获取冲击波的传播速度、衰减规律等关键参数。

若关注区域处于冲击的中场范围，响应特性对于理解整体冲击过程以及优化材料或结构设计至关重要。可以使用高速位移传感器或速度计，精确测量冲击过程中中场区域的位移和速度变化，结合时间记录，可以得到位移-时间曲线和速度-时间曲线，进一步分析中场区域的动态行为。可以在中场区域布置应变片或应变计，实时测量冲击过程中材料的应变变化，了解材料的变形行为、塑性流动以及可能的失效模式。可以利用声发射技术，监测冲击过程中中场区域产生的声波信号，分析声波信号的频率、幅度和传播速度，可以推断出中场区域的损伤演化和材料性能变化，评估中场区域的内部结构和缺陷。

若关注区域处于冲击的远场范围，则测试方法重在获取由结构滤波所导致的低频响应，如振动位移、速度或加速度。此时的测试方法相对简单。

需要注意的是，高应变率试验通常对设备和技术要求较高，且试验过程中存在一定的安全风险。因此，在进行高应变率试验时，需要严格按照操作规程进行，确保试验结果的准确性和可靠性。

第 2 章

高加速度冲击过程时域描述与分析

在阐述冲击过载现象的动态历程中,我们常规测量的核心物理参数涵盖了力、位移、速度及加速度,这些参数共同构成了理解冲击效应的基础框架。特别地,高加速度冲击加速度脉冲以其能够诱发极端水平的冲击加速度而著称,这一特性在冲击动力学研究中占据了举足轻重的地位。

在国外与国内的研究范畴内,对高加速度冲击事件的初步分析往往始于对加速度信号的精密测量与记录。这一过程不仅在于捕捉冲击事件在时间维度上的基本特征,更是为后续深入分析奠定坚实的基础。通过时间域内的细致描绘,我们能够直观地观察到加速度随时间变化的规律,这是理解冲击载荷作用下系统响应的第一步。继而,为了更深层次地揭示冲击过程的内在机制,采用诸如傅里叶频谱分析、冲击响应谱分析等高级数学工具,对加速度信号进行频域与谱域的转换与解析。这些分析手段使我们能够从复杂的信号中提取出关键信息,无论是出于科学研究的目的,还是为了满足特定行业标准或试验规范的严格要求,如进行标准对标测试等,均显得至关重要。

本章着重聚焦于高加速度冲击过程在时域内的详尽描述与分析,旨在深入探讨该领域内的基础理论与实践应用。通过精确的时域分析,我们不仅能够更准确地把握冲击事件的即时效应,还能为后续频域及谱域分析提供可靠的前提与依据,进而全面揭示高加速度冲击现象的物理本质与工程意义。

2.1 基本概念与参数定义

如图 2.1 所示为某冲击试验实测的冲击加速度信号经 20kHz 低通滤波后的时域波形,也称为冲击加速度时间历程。

为了便于后续章节的统一描述，在 GB/T 2298—2010、GJB 150.18A—2009 等标准的基础上，在此给出几个重要的概念及参数。

◇ 冲击脉冲：用时变参数如力、应力、位移、速度或加速度的突然上升，突然下降来表征的冲击激励形式。

◇ 冲击脉冲信号 $x(t)$：通常为加速度 $a(t)$、速度 $v(t)$ 和位移 $s(t)$。

◇ 理想冲击加速度脉冲：可以用简单的时间函数描述的冲击加速度脉冲。

◇ 脉冲峰值 x_Λ：冲击脉冲的物理量值的最大值，如加速度、速度、位移的冲击脉冲峰值分别用 a_Λ、v_Λ、s_Λ 表示。

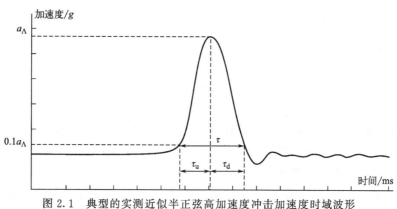

图 2.1　典型的实测近似半正弦高加速度冲击加速度时域波形

◇ 脉冲宽度（冲击脉冲持续时间）τ：以加速度冲击脉冲为例，所测冲击加速度脉冲波形的主峰两侧，从 αa_Λ 上升到 βa_Λ 时间间隔（对实测冲击脉冲，通常取 $\alpha = 0.1 \sim 0.15$，$\beta = 0.9 \sim 0.85$，为了提高测量精度，取值为 $\alpha = 0.05$，$\beta = 0.95$；对于理想冲击脉冲，$\alpha = 0$，$\beta = 1$）。

◇ 脉冲前沿时间（上升沿）τ_u：冲击脉冲的物理量值从某一设定的最大值的较小分数值上升到最大值的较大分数值所需要的时间间隔（分数值取法同脉冲宽度）。

◇ 脉冲后沿时间（下降沿）τ_d：冲击脉冲的物理量值从某一设定的最大值的较大分数值下降到另一设定的最大值的较小分数值所需要的时间间隔。注意：$\tau_u + \tau_d \leqslant \tau$。

◇ 脉冲冲量 I_x：$I_x = \int_0^t x(t)\mathrm{d}t$，对于在时刻 $t = \tau$ 能明显表现出结束的冲击过程，冲量定义为 $I_x = \int_0^\tau x(t)\mathrm{d}t$。冲击加速度的冲量，$I_a = v_\tau - v_0 = \Delta v$，

即为被测物体在所研究点处的速度变化量。

◇ 冲击能量：冲击能量定义为冲击脉冲信号的平方在脉冲持续时间内的积分，即：$E_t = \int_0^{\Delta t} a^2(t)\mathrm{d}t$。

◇ 无量纲时间 θ：时间变量与脉冲宽度的比值，$\theta = t/\tau$，取值范围 $0 \leqslant \theta < \infty$。

◇ 无量纲频率 ξ：角频率变量 ω 与脉冲宽度 τ 的乘积与 π 比值，$\xi = \omega\tau/\pi$，取值范围 $0 \leqslant \xi < \infty$。

◇ 无量纲前沿宽度 p_u 与后沿宽度 p_d：脉冲前、后沿宽度与脉冲宽度之比，$p_u = \tau_u/\tau$，$p_d = \tau_d/\tau$，同样有 $p_u + p_d \leqslant 1$。

◇ 波形曲线变化速度参数 δ。

◇ 冲击有效持续时间 T_E 或 T_e：

实际冲击加速度信号是非常复杂的。首先要确定冲击加速度信号的有效持续时间 Δt。根据 GJB 150.18A—2009，冲击加速度脉冲的有效冲击持续时间有下列两种定义：包含绝对值超过 1/3 最大峰值 a_Λ 的所有时间历程幅值所对应的最小时间长度，此时，常记作 T_E；对于实测复杂冲击加速度时间历程，包含 90%以上均方根（RMS）时间历程幅值超过 10%的峰值 RMS 幅值的最小时间长度，即均方根持续时间，常记作 T_e。

如图 2.2 所示是实测复杂冲击加速度时间历程的脉冲有效持续时间图。由于冲击加速度时间历程的复杂性和截取时间长，脉冲有效持续时间 T_E 和 T_e 差别不大。

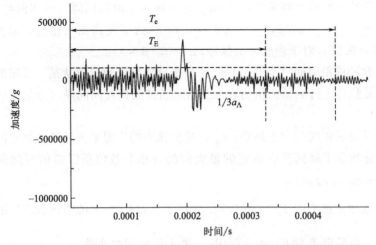

图 2.2　冲击加速度时间历程的脉冲有效持续时间

　　一般情况下，$T_E < T_e$。在进行冲击加速度信号分析时，确定冲击脉冲的有效持续时间的根本原则是保存复杂瞬态冲击过程的固有信息和最大限度地减少与仪器噪声有关的信息。

　　对于如图 2.3 所示的冲击加速度时间历程具有显著包络特性的实测复杂冲击，冲击脉冲的有效持续时间的确定取决于测得的冲击加速度时间历程绝对峰值的包络线形状。GJB 150.18A—2019 指出，一般情况下可取 $T_e = 2.5T_E$。

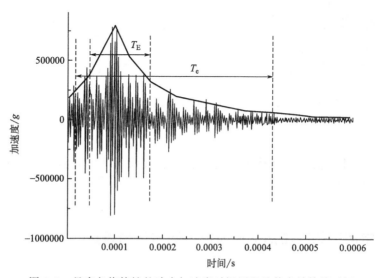

图 2.3　具有包络特性的冲击加速度时间历程及其有效持续时间

　　以上参数中，脉冲峰值 a_Λ、脉冲冲量 I_x、上升沿 τ_u 均是无条件的。脉冲宽度 τ 是应用最为广泛的有条件参数。当冲击脉冲信号 $x(t)$ 叠加着 αa_Λ 的干扰信号时，根据上述方法则根本无法确定脉冲宽度。另外，如果 α 值规定过高，对于冲击脉冲前沿上升缓慢的脉冲信号确定的脉冲宽度 τ 则又太小了。

　　实际冲击脉冲信号波形复杂，叠加着许多小幅高频噪声。比如弹丸侵彻钢甲板时的冲击脉冲信号。如图 2.4 所示为某弹丸侵彻钢甲板时的冲击加速度时域波形。

　　因此采用能量法确定冲击脉冲的等效宽度 τ_e，由式（2.1）确定。

$$\int_0^{\tau_e} x^2(t)\mathrm{d}t = 0.9\int_0^{\infty} x^2(t)\mathrm{d}t \qquad (2.1)$$

这保证了参数的固定性，且与冲击过程的读数起点选择有关。

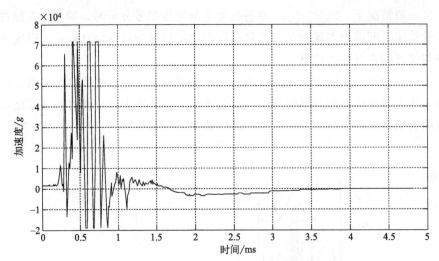

图 2.4　某弹丸侵彻钢甲板时的冲击加速度时域波形

在时域中，高加速度冲击加速度脉冲特征参数中最重要的是加速度峰值 a_Λ、脉冲宽度 τ 和波形形状。

2.2　常用理想冲击加速度波形函数与近似表达

在探讨冲击过载时，我们常会遇到一系列理想的冲击加速度脉冲波形，这些波形包括半正弦波、钟形波、三角形波、后峰锯齿波、前峰锯齿波、梯形波及矩形波等，它们共同构成了描述冲击现象的基本工具箱。这些理想的波形特征鲜明，各自拥有精确的数学表达式，其波形结构简洁直观，波形参数与时间之间的函数关系清晰明确。

这些波形在冲击过程的描述中展现出非凡的效用，不仅因为它们便于进行理论上的精确计算，更在于它们能够高度概括并准确复现实际冲击事件的本质特征。这一特性使得它们成为科研与实践应用中不可或缺的工具，无论是对于深入理解冲击机理，还是对于指导工程实践，都发挥着举足轻重的作用。

在制定与冲击过载环境相关的标准时，理想的冲击加速度脉冲波形也扮演着至关重要的角色。它们为精确比较不同冲击过载环境的严酷程度提供了基准，使得评估工作得以量化与标准化。同时，这些波形还为构建理想脉冲波形函数的近似模型提供了坚实的数学基础，从而推动了冲击响应预测技术的发展。

　　此外，在冲击响应谱试验法中，理想的波形更是波形匹配与校准的关键依据，确保了试验过程的准确性与可靠性。通过精心选择与调整这些波形，人们能够更加精确地模拟实际冲击条件，进而对设备与结构的抗冲击性能进行更为严谨的评估与验证。

2.2.1　冲击加速度函数与波形[26-28]

（1）理想半正弦冲击加速度脉冲函数及其近似

理想半正弦冲击加速度脉冲函数如式（2.2）所示。

$$a(t) = a_\Lambda \sin\left(\frac{\pi t}{\tau}\right),\ 0 \leqslant t \leqslant \tau \tag{2.2}$$

借助单位阶跃函数 $u(t)$，则理想半正弦冲击加速度脉冲函数可表示为：

$$a(t) = a_\Lambda \sin\left(\frac{\pi t}{\tau}\right)\left[u(t) - u(t - \tau)\right] \tag{2.3}$$

其归一化无量纲表达式为：

$$a(\theta) = \sin(\pi\theta)\left[u(\theta) - u(\theta - 1)\right] \tag{2.4}$$

归一化理想半正弦冲击加速度脉冲波形如图 2.5 所示。

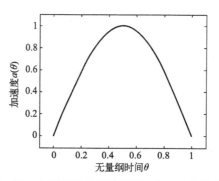

图 2.5　归一化无量纲理想半正弦冲击加速度脉冲波形

　　常用的近似半正弦冲击加速度脉冲 $\hat{a}(t)$ 如式（2.5）、式（2.6）所示。而其归一化无量纲公式如式（2.7）和式（2.8）所示。

$$\hat{a}(t) = a_\Lambda \frac{\sin\left(\frac{\pi t}{\tau}\right)}{\sin\left(\frac{\pi \tau_u}{\tau}\right)} \mathrm{e}^{\left[\frac{\pi(\tau_u - t)}{\tau\tan\left(\frac{\pi\tau_u}{\tau}\right)}\right]}\left[u(t) - u(t - \tau)\right] \tag{2.5}$$

$$\hat{a}(t) = a_{\Delta} \sin\left(\frac{\pi t}{2\tau_u}\right) \left[u(t) - u(t - \tau_u)\right] + a_{\Delta} \left[1 + \delta\left(\frac{t - \tau_u}{\tau}\right)\right] e^{\left(-\delta\frac{t - \tau_u}{\tau}\right)}$$
$$\left[u(t - \tau_u) - u(t - \tau)\right]$$

$$(2.6)$$

$$\hat{a}(\theta) = \frac{\sin(\pi\theta)}{\sin(\pi p_u)} e^{\left[\frac{p_u - \theta}{\pi \tan(\pi p_u)}\right]} \left[u(\theta) - u(\theta - 1)\right] \qquad (2.7)$$

$$\hat{a}(\theta) = \sin\left(\frac{\pi\theta}{2p_u}\right) \left[u(\theta) - u(\theta - p_u)\right] + \left[1 + \delta(\theta - p_u)\right] e^{\left[-\delta(\theta - p_u)\right]}$$
$$\left[u(\theta - p_u) - u(\theta - 1)\right]$$

$$(2.8)$$

对应的归一化无量纲近似半正弦冲击加速度脉冲波形如图 2.6、图 2.7 所示。

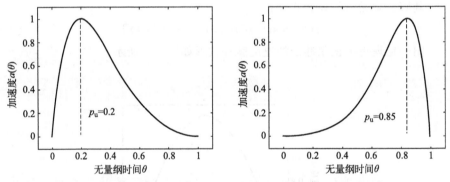

图 2.6　式(2.7) 所示归一化无量纲近似半正弦冲击加速度脉冲波形

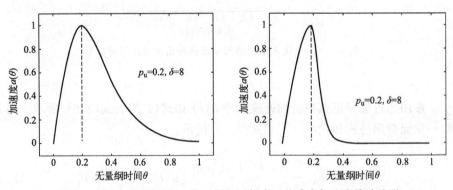

图 2.7　式(2.8) 所示归一化无量纲近似半正弦冲击加速度脉冲波形

（2）理想三角形加速度脉冲函数

理想三角形加速度脉冲函数如式（2.9）所示。

$$a(t) = \frac{2a_\Lambda t}{\tau}\big[u(t) - u(t - \tau_u)\big] + \frac{2a_\Lambda}{\tau}(\tau - t)\big[u(t - \tau_u) - u(t - \tau)\big],$$

$$\left(\tau_u = \tau_d = \frac{1}{2}\tau\right) \tag{2.9}$$

归一化无量纲理想三角形冲击加速度脉冲函数如式（2.10）所示。

$$a(\theta) = 2\theta\big[u(\theta) - u(\theta - p_u)\big] + 2(1 - \theta)\big[u(\theta - p_u) - u(\theta - 1)\big],$$

$$\left(p_u = p_d = \frac{1}{2}\right) \tag{2.10}$$

归一化无量纲理想三角形冲击加速度脉冲波形如图 2.8 所示。

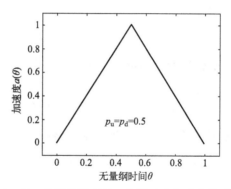

图 2.8　归一化无量纲理想三角形冲击加速度脉冲波形

（3）理想钟形冲击加速度脉冲函数及其近似

理想钟形冲击加速度脉冲函数如式（2.11）所示。

$$a(t) = \frac{u_\Lambda}{2}\left[1 - \cos\left(\frac{2\pi t}{\tau}\right)\right]\big[u(t) - u(t - \tau)\big] \tag{2.11}$$

归一化无量纲理想钟形冲击加速度脉冲函数如式（2.12）所示。

$$a(\theta) = \frac{1}{2}\big[1 - \cos(2\pi\theta)\big]\big[u(\theta) - u(\theta - 1)\big] \tag{2.12}$$

归一化无量纲理想钟形冲击加速度脉冲波形如图 2.9 所示。

常用近似钟形冲击加速度脉冲函数如式（2.13）所示。

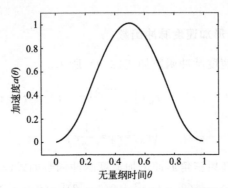

图 2.9　归一化无量纲理想钟形冲击加速度脉冲波形

$$\hat{a}(t) = a_\Lambda \frac{1 - \cos\left(\dfrac{2\pi t}{\tau}\right)}{1 - \cos\left(\dfrac{2\pi \tau_u}{\tau}\right)} e^{\left[2\pi \frac{\tau_u - t}{\tau \tan\left(\frac{\pi \tau_u}{\tau}\right)}\right]} \left[u(t) - u(t - \tau)\right], \ \tau_u \neq 0.5\tau$$

$$(2.13)$$

归一化无量纲近似钟形冲击加速度脉冲函数如式（2.14）所示。

$$\hat{a}(\theta) = \frac{1 - \cos(2\pi\theta)}{1 - \cos(2\pi p_u)} e^{\left[2\pi \frac{p_u - \theta}{\tan(\pi p_u)}\right]} \left[u(\theta) - u(\theta - 1)\right], \ p_u \neq 0.5 \quad (2.14)$$

归一化无量纲近似钟形冲击加速度脉冲波形如图 2.10 所示。此类冲击加速度脉冲波形中，前沿宽度 p_u 较短时，与靶板侵彻实测高加速度冲击加速度脉冲波形非常相似。

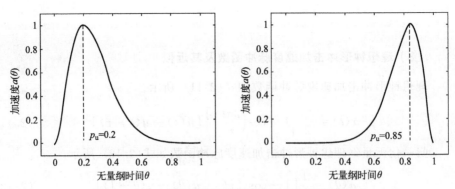

图 2.10　归一化无量纲近似钟形冲击加速度脉冲波形

（4）理想后峰锯齿冲击加速度脉冲函数及其近似

理想后峰锯齿冲击加速度脉冲函数如式（2.15）所示。

$$a(t) = \frac{a_\Lambda t}{\tau}[u(t) - u(t - \tau_\mathrm{u})], \quad (\tau_\mathrm{u} = \tau, \ \tau_\mathrm{d} = 0) \qquad (2.15)$$

归一化无量纲理想后峰锯齿冲击加速度脉冲函数如式（2.16）所示。

$$a(\theta) = \theta[u(\theta) - u(\theta - p_\mathrm{u})], \quad (p_\mathrm{u} = 1, \ p_\mathrm{d} = 0) \qquad (2.16)$$

归一化无量纲理想后峰锯齿冲击加速度脉冲波形如图 2.11 所示。

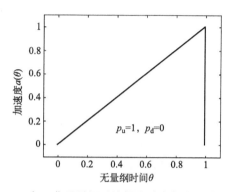

图 2.11　归一化无量纲后峰锯齿冲击加速度脉冲波形

（5）理想前峰锯齿冲击加速度脉冲函数及其近似

理想前峰锯齿冲击加速度脉冲函数如式（2.17）所示。

$$a(t) = \frac{a_\Lambda t}{\tau}[u(t) - u(t - \tau)], \quad (\tau_\mathrm{u} = 0, \ \tau_\mathrm{d} = \tau) \qquad (2.17)$$

归一化无量纲理想前峰锯齿冲击加速度脉冲函数如式（2.18）所示。

$$a(\theta) = (1 - \theta)[u(\theta) - u(\theta - p_\mathrm{d})], \quad (p_\mathrm{u} = 0, \ p_\mathrm{d} = 1) \qquad (2.18)$$

归一化无量纲理想前峰锯齿冲击加速度脉冲波形如图 2.12 所示。

（6）理想梯形冲击加速度脉冲函数及其近似

理想梯形冲击加速度脉冲函数如式（2.19）所示。

$$a(t) = a_\Lambda \frac{t}{\tau_\mathrm{u}}[u(t) - u(t - \tau_\mathrm{u})] + a_\Lambda[u(t - \tau_\mathrm{u}) - u(t - \tau + \tau_\mathrm{d})]$$

$$+ a_\Lambda \left(\frac{\tau - t}{\tau_\mathrm{d}}\right)[u(t - \tau + \tau_\mathrm{d}) - u(t - \tau)] \qquad (2.19)$$

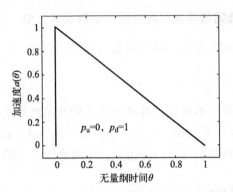

图 2.12　归一化无量纲前峰锯齿冲击加速度脉冲波形

其中满足 $\tau_u + \tau_d < \tau$。

归一化无量纲理想梯形冲击加速度脉冲函数如式(2.20)所示。

$$a(\theta) = \frac{\theta}{p_u}[u(\theta) - u(\theta - p_u)] + [u(\theta - p_u) - u(\theta - 1 + p_d)]$$

$$+ \left(\frac{1-\theta}{p_d}\right)[u(\theta - 1 + p_d) - u(\theta - 1)]$$

$$(2.20)$$

其中满足 $p_u + p_d < 1$。

归一化无量纲理想梯形冲击加速度脉冲波形如图 2.13 所示。

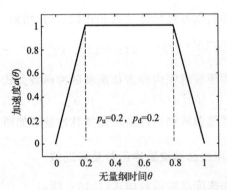

图 2.13　归一化无量纲梯形冲击加速度脉冲波形

（7）理想矩形冲击加速度脉冲函数及其近似

理想矩形冲击加速度脉冲函数如式（2.21）所示。

$$a(t) = a_\Lambda [u(t) - u(t - \tau)] \quad (\tau_u = \tau_d = 0) \tag{2.21}$$

归一化无量纲理想矩形冲击加速度脉冲函数如式（2.22）所示。

$$a(\theta) = u(\theta) - u(\theta - 1) \quad (p_u = p_d = 0) \tag{2.22}$$

归一化无量纲理想矩形冲击加速度脉冲波形如图 2.14 所示。

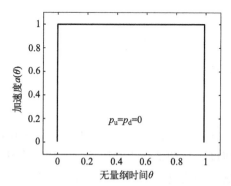

图 2.14　归一化无量纲矩形冲击加速度脉冲波形

2.2.2　冲击过程分析

若通过测试获得了冲击加速度脉冲信号 $a(t)$，则冲击过载过程中重要的参数还有速度和位移。其速度 $v(t)$ 可由加速度 $a(t)$ 的一次时间积分获得，如式（2.23）所示。

$$v(t) = \begin{cases} v_0 & t < 0 \\ \int_0^t a(t)\mathrm{d}t + v_0 & 0 \leqslant t \leqslant \tau \\ \int_0^\tau a(t)\mathrm{d}t + v_0 & t \geqslant \tau \end{cases} \tag{2.23}$$

冲击过载过程的位移 $s(t)$ 可由已得到的速度 $v(t)$ 一次时间积分获得，如式（2.24）所示。

$$s(t) = \begin{cases} s_0 & t < 0 \\ \int_0^t v(t)\mathrm{d}t + s_0 & 0 \leqslant t \leqslant \tau \\ \int_0^\tau v(t)\mathrm{d}t + s_0 & t \geqslant \tau \end{cases} \tag{2.24}$$

以经典的半正弦冲击加速度信号 $a(t) = a_\Lambda \sin\left(\dfrac{\pi t}{\tau}\right)$，$0 \leqslant t \leqslant \tau$ 为例，初始速度为零时，则其速度、位移表达式可简写成如下形式：

$$v(t) = v_0 + \frac{\tau a_\Lambda}{\pi}\left[1 - \cos\left(\frac{\pi t}{\tau}\right)\right] \tag{2.25}$$

$$s(t) = v_0 t + \frac{\tau a_\Lambda}{\pi}\left[t - \frac{\tau}{\pi}\sin\left(\frac{\pi t}{\tau}\right)\right] \tag{2.26}$$

根据被试件在冲击前后的运动状态，可将冲击过程细分为两类典型的情形。第一种情形是被试件在冲击作用发生之前，处于静止且平衡的状态，即其初速度为零。在冲击作用结束后，被试件的速度会迅速达到一个峰值，这一变化过程我们称之为"冲击"。而另一种情形则是被试件在冲击作用发生之前已经具备了一定的初速度。在冲击作用结束后，其速度会从原有的初速度转变为一个新的速度值，这一变化过程则被称为"碰撞"[26]。

值得注意的是，无论是冲击还是碰撞，它们都会在被试件上产生一个高加速度的加速度过载环境。这一环境特征是冲击过程所固有的，也是我们在研究和分析冲击动力学时必须予以重点关注的要素。高加速度过载环境的存在，不仅会对被试件的结构强度和耐久性产生重要影响，还会对其运动状态和性能表现产生显著的改变。

特别地，碰撞后的速度状态为我们提供了关于碰撞过程的重要线索。具体而言，若被试件在碰撞结束后速度降为零，这标志着碰撞过程中未发生反弹现象；相反，若碰撞后速度仍维持非零状态，则表明碰撞过程中存在显著的反弹效应。为了构建某一特定 g 值水平的高加速度冲击过载试验环境，在存在反弹现象的情况下，所需的冲击初速度相较于无反弹情形会显著降低。因此，在设计冲击激励方案时，是否将反弹现象纳入考量，成为了一个决定性因素，其重要性随着 g 值水平的增加而愈发凸显。此外，这一决策还将对加速度脉冲波形的整形策略产生较大影响，相关内容将在后续章节中展开详尽探讨。

在实际的工程应用与数据分析中，冲击加速度信号往往伴随着高频干扰信号及直流偏移信号的混入，这在一定程度上增加了信号处理的复杂度。为了从原始的加速度信号中精确提取出速度和位移信息，我们需对信号进行一系列的预处理操作。常见的预处理流程包括低通滤波，以滤除高频噪声干扰；去均值处理，以消除直流偏移的影响；以及去趋势项操作，以修正信号中的非平稳趋势。经过上述预处理步骤后，我们即可运用数字积分方法，准确地计算出对应的速度和位移信号，为后续的分析与评估工作奠定坚实的基础。

如图 2.15 所示为某高加速度冲击试验测得的加速度时间历程经过截止频率为 20kHz 的低通滤波后，直接进行数字积分得到的速度和位移时间历程。然而，仅通过低通滤波可能仍无法完全消除信号中的直流偏移。因此，图 2.16 展示了在低通滤波的基础上，进一步进行去趋势项处理后得到的速度和位移时间历程。

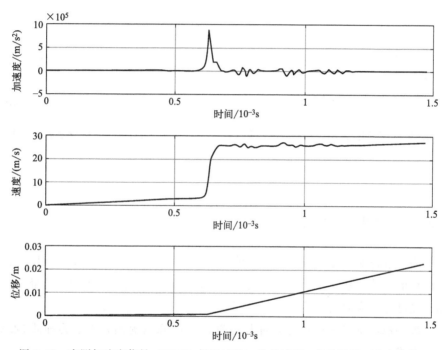

图 2.15　实测加速度信号（20kHz 低通滤波）及其速度、位移波形（未去均值）

通过对比分析，我们发现去均值处理后的速度和位移信号更能反映试验时的真实情况。因此，建议在通过加速度信号进行数字积分获取速度和位移信号时，务必进行去均值处理。此外，去均值处理还能确保速度曲线在冲击结束时归零，而去趋势项处理则有助于调整位移信号的准确性。这些处理步骤在后续的冲击响应谱分析中同样重要，特别是在评估伪速度冲击响应谱的影响时。

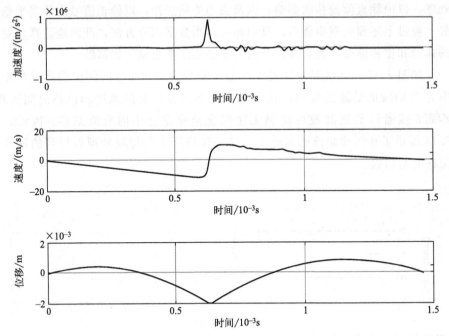

图 2.16 实测加速度信号（20kHz 低通滤波及去趋势项）及其速度、位移波形（去均值）

2.2.3 无量纲速度表达

为了求得能描述冲击过程的各种参数之间的相互关系式，将加速度、速度及位移的函数关系式表示为无量纲形式。以下研究人们最感兴趣也是最重要的加速度脉冲对应的无量纲速度 $v(\theta)$ 及位移 $s(\theta)$ 的表达式。

统一地，将归一化理想脉冲加速度函数的峰值提出，表示为如式(2.27)所示形式：

$$a(\theta) = a_{\Lambda}\varphi_a(\theta) \tag{2.27}$$

将 $\varphi_a(\theta)$ 称为归一化波形函数，显然，$\varphi_a(\theta)$ 的取值范围为 $0 \leqslant \varphi_a(\theta) \leqslant 1$。

则由式(2.23)可得，在 $0 \leqslant \theta \leqslant 1$ 时无量纲速度表达式为：

$$v(\theta) = \tau a_{\Lambda} \int_0^{\theta} \varphi_a(\theta)\mathrm{d}\theta + v_0 \tag{2.28}$$

可知，当加速度在脉冲宽度期间发生方向改变时，速度的峰值发生在 $\theta = \theta_1$ 处 [如图 2.17（a）、（b）所示]，此时 $\varphi_a(\theta_1) = 0$。若以积分表示无量纲加速度波形参数：

$$\int_0^{\theta_1} \varphi_a(\theta) \mathrm{d}\theta = k_a \tag{2.29}$$

则脉冲的速度峰值可表示为式（2.30）。

$$v_\Lambda = \tau a_\Lambda k_a + v_0 \tag{2.30}$$

进一步可得速度的无量纲表达式为：

$$v(\theta) = v_\Lambda \left[\frac{\dfrac{1}{k_a} \displaystyle\int_0^\theta \varphi_a(\theta) \mathrm{d}\theta + \dfrac{v_0}{\tau a_\Lambda k_a}}{1 + \dfrac{v_0}{\tau a_\Lambda k_a}} \right] \tag{2.31}$$

引入表达式：

$$\varphi_v(\theta) = \frac{1}{k_a} \int_0^\theta \varphi_a(\theta) \mathrm{d}\theta \tag{2.32}$$

若 $v_0 = 0$ 时，可得经典的速度无量纲表达式：

$$v(\theta) = v_\Lambda \varphi_v(\theta) = a_\Lambda k_a \tau \varphi_v(\theta) \tag{2.33}$$

$v_0 = 0$ 时，在 $\theta \geqslant 1$ 区间的无量纲速度表达式为：

$$v(\theta) = v(1) = v_\Lambda \varphi_v(1) = a_\Lambda k_a \tau \varphi_v(1) \tag{2.34}$$

同样式（2.30）变为：

$$v_\Lambda = \tau a_\Lambda k_a \tag{2.35}$$

需要注意的是，当加速度在脉冲宽度期间不发生方向改变时［如图 2.17 (c) 所示］，k_a 等于 $\varphi_a(\theta)$ 的平均值，即为 $\varphi_a(\theta)$ 在 ［0 1］区间对 θ 积分结果。

2.2.4　无量纲位移表达

引入变量：

$$v'_0 = \frac{v_0}{v_\Lambda} = \frac{v_0}{\tau a_\Lambda k_a} \tag{2.36}$$

则可由式（2.24）得：

$$s(\theta) = \frac{v_\Lambda \tau}{1 + v'_0} \left(\int_0^\theta \varphi_v(\theta) \mathrm{d}\theta + v'_0 \int_0^\theta \mathrm{d}\theta \right) + s_0 \tag{2.37}$$

当速度在脉冲宽度期间发生方向改变时，位移的峰值出现在其满足条件 $v(\theta_2) = 0$ 时的 $\theta = \theta_2$ 处［如图 2.17(d) 所示］，此时 $\theta_2 < 1$。

类似地，引入无量纲速度波形参数：

$$k_v = \frac{\displaystyle\int_0^{\theta_2} \varphi_v(\theta) \mathrm{d}\theta + v'_0 \theta_2}{1 + v'_0} \tag{2.38}$$

便有：

$$s_\Lambda = a_\Lambda \tau^2 k_a k_v + s_0 \tag{2.39}$$

若 $s_0 = 0$，可得位移无量纲表达式：

$$s(\theta) = s_\Lambda \frac{\int_0^\theta \varphi_v(\theta)\mathrm{d}\theta + v'_0\theta}{\int_0^{\theta_2} \varphi_v(\theta)\mathrm{d}\theta + v'_0\theta_2} \tag{2.40}$$

引入式：

$$\varphi_s(\theta) = \frac{\int_0^\theta \varphi_v(\theta)\mathrm{d}\theta + v'_0\theta}{\int_0^{\theta_2} \varphi_v(\theta)\mathrm{d}\theta + v'_0\theta_2} \tag{2.41}$$

则：

$$s(\theta) = s_\Lambda \varphi_s(\theta) = a_\Lambda \tau^2 k_a k_v \varphi_s(\theta) \tag{2.42}$$

同样需要注意的是，当速度在脉冲宽度期间不发生方向改变时，此时 $\theta_2 = 1$，k'_v 等于 $\varphi_v(\theta)$ 的平均值，即为 $\varphi_v(\theta)$ 在 $[0,1]$ 区间对 θ 积分结果。

此时无量纲速度波形参数表达式(2.38) 变为：

$$k_v = \frac{\int_0^1 \varphi_v(\theta)\mathrm{d}\theta + v'_0}{1 + v'_0} \tag{2.43}$$

若同时有 $v_0 = 0$ 时，则：

$$k_v = \int_0^1 \varphi_v(\theta)\mathrm{d}\theta \tag{2.44}$$

此时，$\varphi_s(\theta)$ 的形式变为：

$$\varphi_s(\theta) = \frac{1}{k_v} \int_0^\theta \varphi_v(\theta)\mathrm{d}\theta \tag{2.45}$$

则式(2.42) 仍为：

$$s(\theta) = s_\Lambda \varphi_s(\theta) = a_\Lambda \tau^2 k_a k_v \varphi_s(\theta) \tag{2.46}$$

$v_0 = 0$ 时，在 $\theta \geqslant 1$ 区间的无量纲位移表达式为：

$$s(\theta) = a_\Lambda \tau^2 k_a \varphi_v(1) \left[k_v \frac{\varphi_s(1)}{\varphi_v(1)} + \frac{s_0}{a_\Lambda \tau^2 k_a \varphi_v(1)} + \theta - 1 \right] \tag{2.47}$$

当 $s_0 = 0$ 且加速度在脉冲宽度期间不发生方向改变时，$\varphi_v(1) = \varphi_s(1) = 1$，所以有：

$$s(\theta) = a_\Lambda \tau^2 k_a (k_v + \theta - 1) \tag{2.48}$$

即在 $\theta \geqslant 1$ 区间，且 $v_0 = 0$、$s_0 = 0$ 时，无量纲位移为无量纲时间变量 θ 的线性函数，其线性延长与无量纲时间变量坐标轴交于 θ^* 处 [如图 2.17(c) 所示]，$\theta^* = t^*/\tau$，根据上式有：

$$\tau = \frac{t^*}{1 - k_v} \tag{2.49}$$

2.2.1 节中 10 个归一化冲击加速度脉冲函数均属于加速度和速度在脉冲宽度范围内未发生方向改变的情况，所以在 $v_0 = 0$、$s_0 = 0$ 初始条件下的相关参数计算结果如表 2.1 所示，以供查询使用。

表 2.1　常用加速度脉冲 $v_0 = 0$、$s_0 = 0$ 条件下的速度、位移无量纲表达式系数

脉冲类型	函数公式	p_u	p_d	δ	k_a	k_v
半正弦	(2.4)	—	—	—	0.6366	0.3180
	(2.5)	0.20			0.4502	0.3069
		0.35			0.5968	0.3384
		0.65			0.5968	0.2514
		0.85			0.3651	0.0940
	(2.8)	0.20		8	0.3756	0.2665
		0.35		8	0.4679	0.3167
		0.2		30	0.1940	0.1594
		0.35		30	0.2895	0.2156
三角形	(2.10)	—	—	—	0.500	0.2500
钟形	(2.12)	—	—	—	0.5000	0.2500
	(2.14)	0.20			0.3259	0.2380
		0.35			0.4594	0.2736
		0.65			0.4594	0.1842
		0.85			0.2578	0.0541
后峰锯齿	(2.16)	—	—	—	0.5000	0.1667
前峰锯齿	(2.18)	—	—	—	0.5000	0.3333
梯形	(2.20)	0.20	0.20		0.8000	0.4000
		0.35	0.35		0.6500	0.3230
矩形	(2.22)	—	—	—	1.0000	0.5000

不同情况的冲击加速度脉冲对应的速度、位移波形图如图 2.17 所示。

常见的理想无量纲的冲击加速度波形在 $v_0 = 0$、$s_0 = 0$ 时对应的速度、位移波形如图 2.18～图 2.26 所示。这些曲线在实际冲击测试时对冲击加速度脉冲波形进行数字积分求速度变化量、位移变化量的判断可提供参考。因为实际复杂冲击测试，尤其是实验室测试获得的加速度脉冲波形通过适当滤波处理后可以获得较为光滑的加速度曲线，再进行数字积分求速度变化量及位移变化量时精度上满足工程使用要求。

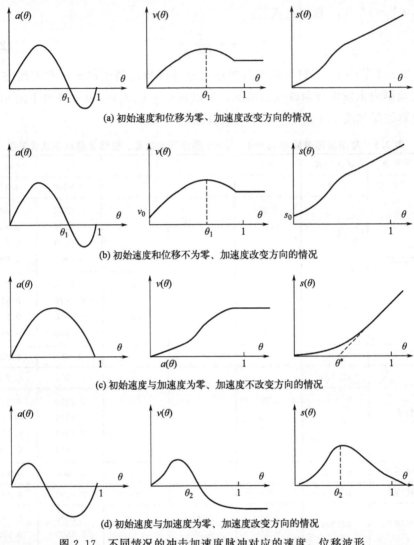

图 2.17　不同情况的冲击加速度脉冲对应的速度、位移波形

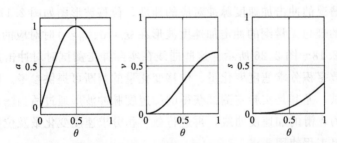

图 2.18　归一化半正弦冲击加速度脉冲及速度、位移波形

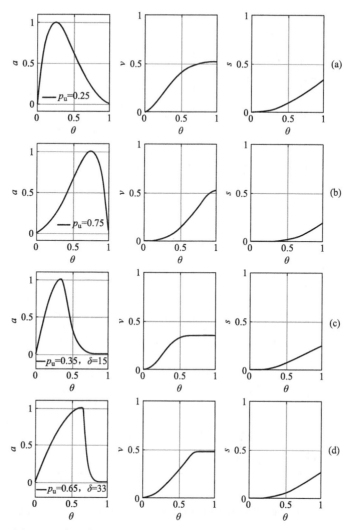

图 2.19　归一化近似半正弦冲击加速度脉冲及速度、位移波形

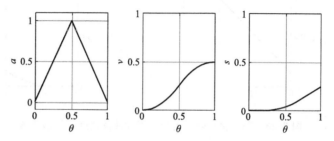

图 2.20　归一化三角形冲击加速度脉冲及速度、位移波形

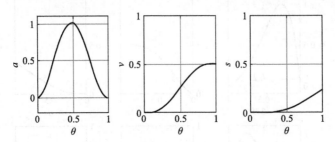

图 2.21 归一化钟形冲击加速度脉冲对应的速度、位移波形

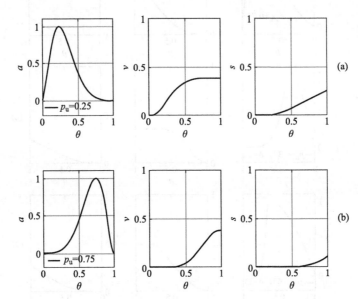

图 2.22 归一化近似钟形冲击加速度脉冲对应的速度、位移波形

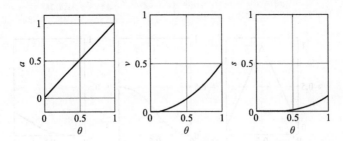

图 2.23 归一化后峰冲击加速度脉冲及速度、位移波形

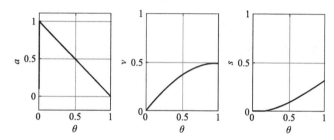

图 2.24　归一化前峰冲击加速度脉冲及速度、位移波形

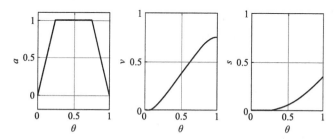

图 2.25　归一化梯形冲击加速度脉冲及速度、位移波形（1）

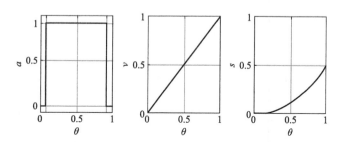

图 2.26　归一化梯形冲击加速度脉冲及速度、位移波形（2）

2.3　冲击脉冲的速度变化量

　　在时间域对高加速度冲击加速度脉冲信号进行描述，可以掌握冲击信号在不同时刻的幅值变化情况，可以获得冲击加速度脉冲中的加速度峰值和脉冲宽度两个重要参数。但是实际冲击过载试验时，波形控制是非常困难的。GB/T 2423.5—2019[29] 及 MIL-STD-220G[10] 标准对冲击加速度脉冲的速度变化量

容差进行了相应的规定。对所有脉冲波形，实际的速度变化量应在其相应的标称脉冲值的 $\pm15\%$ 之内。如当速度变化是用实际脉冲的积分来确定时，应从脉冲前的 0.4τ 积分到脉冲后的 0.1τ。接下来讨论冲击加速度脉冲的速度变化量获取与分析。

2.3.1 理想冲击加速度脉冲的速度变化量

一般情况下，对于一种理想的脉冲波形，当加速度峰值 a_Λ 和脉冲宽度 τ 确定后，其速度变化量也就确定了。当初速度 $v(0)=0$ 时，由式（2.23）可得各种理想冲击加速度脉冲在冲击过程中的速度变化量，其实质是各理想冲击加速度脉冲波形与时间轴围城的封闭图形的面积。前面所述常用理想冲击加速度脉冲的速度变化量计算公式列入表 2.2，以供参考使用。

表 2.2　常用加速度脉冲初始条件为零情况下的速度变化量计算公式

脉冲类型	函数公式	速度变化量 Δv
半正弦	(2.3)	$\dfrac{2a_\Lambda\tau}{\pi}$
	(2.5)	$\dfrac{a_\Lambda\tau}{\pi}\sin\left(\dfrac{\pi\tau_u}{\tau}\right)\left[e^{\frac{\pi\tau_u}{\tau}\cot\left(\frac{\pi\tau_u}{\tau}\right)}+e^{\frac{\pi(\tau_u-1)}{\tau}\cot\left(\frac{\pi\tau_u}{\tau}\right)}\right]$
	(2.6)	$\dfrac{4a_\Lambda\tau\tau_u}{\pi}\sin\left(\dfrac{\pi}{4\tau}\right)^2+\dfrac{2a_\Lambda\tau}{\delta}[1-e^{\delta(\tau_u-\tau)/\tau}]+a_\Lambda(\tau_u-\tau)e^{\delta(\tau_u-\tau)/\tau}$
三角形	(2.9)	$\dfrac{a_\Lambda\tau}{2}$
钟形	(2.11)	$\dfrac{a_\Lambda\tau}{2}$
	(2.13)	$\dfrac{a_\Lambda\tau}{4\pi}\tan\left(\dfrac{\pi\tau_u}{\tau}\right)\left[e^{\frac{2\pi\tau_u}{\tau}\cot\left(\frac{\pi\tau_u}{\tau}\right)}-e^{\frac{2\pi(\tau_u-1)}{\tau}\cot\left(\frac{\pi\tau_u}{\tau}\right)}\right]$
后峰锯齿	(2.15)	$\dfrac{a_\Lambda\tau}{2}$
前峰锯齿	(2.17)	$\dfrac{a_\Lambda\tau}{2}$
梯形	(2.19)	$a_\Lambda\left(\tau-\dfrac{\tau_u+\tau_d}{2}\right)$
矩形	(2.21)	$a_\Lambda\tau$

2.3.2 实测冲击加速度脉冲速度变化量的获取

这里不讨论通过现代测试手段如差动激光干涉仪、高速摄像仪等获得冲击过程的速度变化量。

实际高加速度冲击加速度脉冲试验时,所测得的冲击加速度脉冲波形有正有负,如图 2.27 所示为某高加速度冲击加速度脉冲试验实测冲击加速度过载波形,由图可见,该过载加速度脉冲波形与理想半正弦波形十分接近,但在加速度脉冲前后,加速度值围绕零线上下波动。

首先,根据图 2.27 确定脉冲宽度。图示峰值加速度为 233150m/s²,减去直流分量大概为 7543m/s² 即为冲击加速度的峰值。按标准,峰值的 10% 范围内的脉冲时间,即为脉冲持续时间,所以可求得脉冲宽度确定线高度为 (233150－7543)×10%＋7543＝30104m/s²,分别读取该水平线与脉冲线交点的时间,分别为 0.306752s 和 0.306859s,即为冲击脉冲的开始和结束时间,所以脉冲宽度为 0.306859－0.306752＝0.000107s＝0.107ms。

对图 2.27 所示冲击加速度过载波形进行数字积分得到的速度曲线如图 2.28 所示。由图可知,速度出现快速变化的阶段即为冲击碰撞过程。作垂直

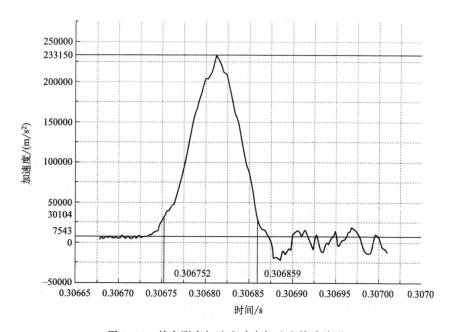

图 2.27 某实测高加速度冲击加速度脉冲波形

于时间轴的冲击脉冲的开始及结束时间线，读取垂线与速度线交点的速度值分别为 0.630m/s 和 15.332m/s，所以，冲击过程的速度变化量 $\Delta v = 15.332 - 0.630 = 14.702$m/s。

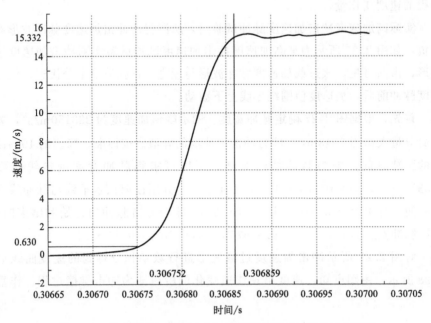

图 2.28　某实测高加速度冲击加速度脉冲波形对应的速度波形

2.4　时域矩分析

利用数理统计知识，可以计算冲击信号的时域矩并进行相应的分析[26]。时域矩是冲击加速度时域信号平方的加权和，计算通式如下所示：

$$M_n(\Delta t) = \int_0^{T_e} (t - \Delta t)^n a^2(t) \mathrm{d}t \qquad (2.50)$$

式中，n 为矩的阶数；Δt 为时间偏移量。

时域矩不仅仅是对冲击加速度信号进行简单的平方处理，更重要的是它还涉及了加权操作。这意味着，在计算时域矩的过程中，可以根据实际需要，对不同时间点的信号值赋予不同的权重，从而更加灵活地捕捉和分析信号中的关键信息。

　　时域矩可以用于评估信号的能量分布、检测信号的异常变化以及提取信号的特征参数等。例如，在机械故障诊断中，通过计算和分析设备的冲击加速度时域矩，可以及时发现设备的异常振动和磨损情况，为设备的维护和保养提供重要依据。在结构动力学分析中，时域矩则可以被用来评估结构的冲击响应特性。当结构受到外部冲击时，其加速度信号会发生变化，通过计算时域矩，可以更加准确地了解结构的动态响应特性，为结构的优化设计和改进提供有力支持。此外，在汽车碰撞测试中，通过计算和分析车辆的冲击加速度时域矩，可以评估车辆的碰撞安全性和乘员的保护效果。这不仅可以为汽车制造商提供改进车辆设计的依据，还可以为消费者提供更加安全可靠的汽车产品。

　　零阶矩：$M_0 = \int_0^{T_e} a^2(t)\mathrm{d}t$，即零阶矩等于冲击信号的冲击能量，与时间偏移无关。

　　一阶矩：$M_1(\Delta t) = \int_0^{T_e} (t-\Delta t)a^2(t)\mathrm{d}t$，显然有 $M_1(\Delta t) = M_1(0) + \Delta t M_0$。

　　中间时刻 t_0：若 $M_1(t_0)=0$，则可得：

$$t_0 = \frac{M_1}{M_0} \tag{2.51}$$

　　此时冲击信号的均方根持续时间 T_e 可定义为：

$$T_e = \sqrt{\frac{M_2(t_0)}{M_0}} \tag{2.52}$$

　　定义冲击信号的中心偏度为：

$$S_t = \sqrt[3]{\frac{M_3(t_0)}{M_0}} \tag{2.53}$$

　　中心偏度描述了冲击信号的形状信息。若中心偏度为零，则表示冲击信号相对于中间时刻对称，若中心偏度为正值，则意味着冲击信号在中间时刻之前有较高的幅值，且有较长的低幅值振荡过程。

　　中心峭度则定义为：

$$K_t = \sqrt[4]{\frac{M_4(t_0)}{M_0}} \tag{2.54}$$

　　中心峭度能给出冲击信号的包络峰的数量信息。

　　当 $\Delta t = 0$ 时，可得到上述三个重要的与时域矩相关的参数计算公式：

$$T_e = \sqrt{\frac{M_2(0)}{M_0} - \left(\frac{M_1(0)}{M_0}\right)^2} \tag{2.55}$$

$$S_t = \sqrt[3]{\frac{M_3(t_0)}{M_0} - 3\frac{M_1(0)M_2(0)}{M_0^2} + 2\left(\frac{M_1(0)}{M_0}\right)^3} \tag{2.56}$$

$$K_t = \sqrt[4]{\frac{M_4(t_0)}{M_0} - 4\frac{M_1(0)M_3(0)}{M_0^2} + 6\frac{M_1^2(0)M_2(0)}{M_0^3} - 3\left(\frac{M_1(0)}{M_0}\right)^3}$$

(2.57)

冲击加速度信号的中心偏度具有广泛的应用价值。例如，可以量化信号的不对称性，进而识别出冲击被试件潜在的故障源；可根据不同类型的冲击信号的中心偏度的显著差异，识别是金属撞击或者塑料碰撞；利用中心偏度能更加敏感地捕捉到冲击信号中细微变化的特点，评估某次冲击时间的冲击强度；亦可以通过计算冲击信号的偏度，评估车辆碰撞测试中的碰撞响应特性和乘员保护效果等。

第 3 章

高加速度冲击过程的频域描述与分析

频谱分析的核心在于深入理解和把握冲击过载信号在频率域内的具体分布情况。通过频谱分析，我们可以清晰地看到信号在不同频率成分上的强度与分布，这对于理解和分析冲击过载信号的特性至关重要。在工程实践中，频谱分析更是发挥着不可替代的作用。它不仅能帮助我们有效地识别冲击过程的本质，还能揭示冲击信号中隐藏的各种信息，如冲击的来源、传播路径以及可能的影响因素等。通过频谱分析，工程师们可以更精确地理解冲击过程，从而为冲击过载问题的解决提供有力的依据和指导。

进一步地，频谱分析还能帮助我们优化工程设计和改进产品性能。例如，在机械工程中，通过频谱分析可以识别出机械设备在冲击作用下的振动特性，进而优化设备的结构设计和材料选择，提高设备的抗冲击能力。

3.1 傅里叶频谱与能量谱分析

3.1.1 半正弦理想冲击加速度脉冲的频谱

假设冲击加速度信号为 $a(t)$，且满足绝对可积条件，则对其进行傅里叶变换得：

$$A(\omega) = \int_{-\infty}^{+\infty} a(t) e^{-j\omega t} dt \tag{3.1}$$

加速度冲击信号傅里叶变换的幅值在频率零处的值等于冲击的速度变化量 Δv。

傅里叶谱作为复数形式，涵盖了实部和虚部，其取值既可能是正值也可能是负值，这导致了谱线呈现出不光滑的特性。然而，傅里叶谱在分析冲击信号时存在明显的局限性。它主要关注了冲击结束后的影响，却未能将阻尼因素纳入考量，这使其仅能部分反映冲击的严酷程度。因此，当需要准确判断不同冲击激励可能造成的严酷等级时，傅里叶谱显得力不从心，难以提供充分的依据。此外，由于其局限性，傅里叶谱在制定试验规范时也并不方便使用。鉴于这些原因，在冲击信号的分析过程中，傅里叶谱的应用实际上是相对较少的[31-32]。

以理想半正弦冲击加速度脉冲为例，对式(2.2) 作傅里叶变换得：

$$A(\omega) = \int_0^\tau a_\Lambda \sin \frac{\pi t}{\tau} e^{-j\omega t} dt \qquad (3.2)$$

积分后得：

$$\begin{cases} A(\omega) = \dfrac{a_\Lambda \tau/\pi}{1-(\omega\tau/\pi)^2}(1+e^{-j\omega t}) & \omega \neq \dfrac{\pi}{t} \\ A(\omega) = -\dfrac{ja_\Lambda \tau}{2} & \omega = \dfrac{\pi}{t} \end{cases} \qquad (3.3)$$

则得到半正弦冲击脉冲的幅频特性及相频特性函数分别为：

$$\begin{cases} |A(\omega)| = \dfrac{2a_\Lambda \tau}{\pi} \left| \dfrac{\cos(\omega\tau/2)}{1-(\omega\tau/\pi)^2} \right| & \omega \neq \dfrac{\pi}{t} \\ |A(\omega)| = -\dfrac{a_\Lambda \tau}{2} & \omega = \dfrac{\pi}{t} \end{cases} \qquad (3.4)$$

$$\theta(\omega) = -\frac{\omega\tau}{2} + n\pi \qquad (3.5)$$

式中，n 为不使 $|\theta(\omega)| > 3\pi/2$ 的最小整数。

冲击信号是典型的能量信号，其冲击能量定义为冲击脉冲信号的平方在脉冲持续时间内的积分，即：

$$E_t = \int_0^\tau a^2(t) dt \qquad (3.6)$$

又因为冲击脉冲信号在时域的能量和频域的能量相等，即有：

$$E = E_t = E_f = \int_{-\infty}^{+\infty} |A(\omega)|^2 d\omega \qquad (3.7)$$

由此可确定冲击脉冲信号的频谱宽度、持续时间等参数。计算表明，频率范围在 $0.008/\tau$ 至 $10/\tau$ 内时，幅值误差在 5% 以内。经计算，半正弦冲击脉冲的总能量为 $0.5a_\Lambda^2\tau$，脉冲持续时间为 0.596τ，带宽则为 $0.728/\tau$。

3.1.2 常见理想冲击加速度脉冲的傅里叶幅值谱特性

冲击信号的相位谱不是高加速度冲击试验关注的重点，本节只介绍常用理想冲击加速度信号的幅值谱。

取式(3.1) 变换结果的模即可得冲击加速度信号的幅值谱，式(2.4)～式(2.22) 冲击加速度脉冲函数的无量纲图形及傅里叶幅值频谱曲线如图 3.1～图 3.7 所示，以供参考使用。

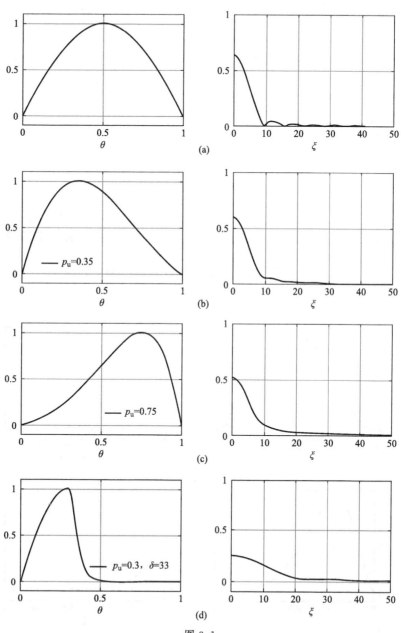

图 3.1

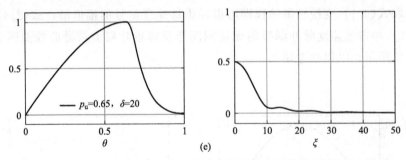

图 3.1 归一化半正弦及近似半正弦冲击加速度脉冲波形及傅里叶幅值谱

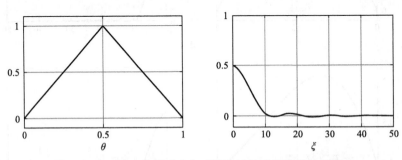

图 3.2 归一化三角形冲击加速度脉冲波形及傅里叶幅值谱

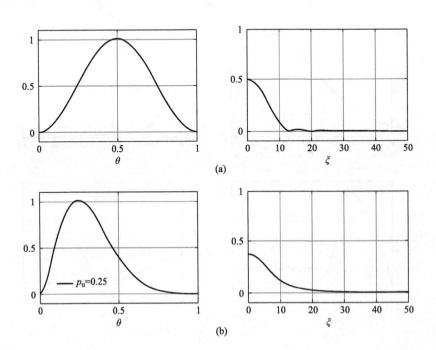

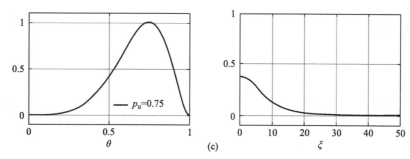

图 3.3 归一化钟形及近似钟形冲击加速度脉冲波形及傅里叶幅值谱

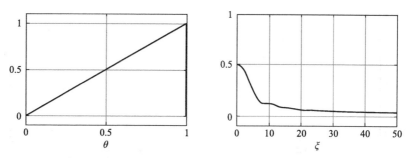

图 3.4 归一化后峰冲击加速度脉冲波形及傅里叶幅值谱

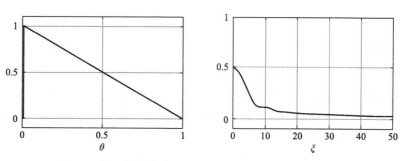

图 3.5 归一化前峰冲击加速度脉冲波形及傅里叶幅值谱

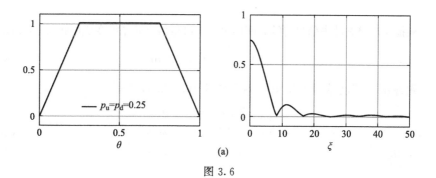

图 3.6

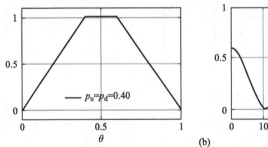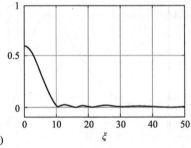

图 3.6　归一化梯形冲击加速度脉冲波形及傅里叶幅值谱

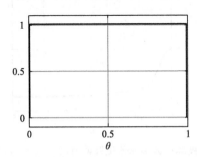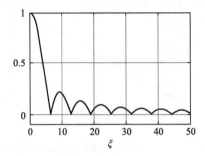

图 3.7　归一化矩形冲击加速度脉冲波形及傅里叶幅值谱

　　从这些频谱图可以得到一个共同的特点就是冲击加速度脉冲波形的前后沿越陡峭，频谱分布的范围越宽。而且，冲击信号的频谱都是连续谱，幅值随着频率的增加越来越小，脉宽越窄，频谱分布越宽，在 $0 \sim \infty$ 区间。

　　由此可见，要全部测准冲击信号是不可能的，因为任何测试系统都不可能具有 $0 \sim \infty$ 的测量频带。

3.1.3　实测高加速度冲击加速度及傅里叶幅值谱特性

　　根据实测复杂冲击信号持续时间的定义，可得傅里叶变换变成如式(3.8) 所示。

$$A(\omega) = \int_0^{T_e} a(t) \mathrm{e}^{-\mathrm{j}\omega t} \, \mathrm{d}t \tag{3.8}$$

则冲击加速度信号的傅里叶频谱估计用式(3.9) 确定。

$$\hat{F}(\omega) = \begin{cases} 2\,|\,A(\omega)\,| & \omega > 0 \\ |\,A(\omega)\,| & \omega = 0 \\ 0 & \omega < 0 \end{cases} \tag{3.9}$$

　　在进行冲击加速度信号的傅里叶谱估计时，为使整个冲击都包含在该数据块内，重要的是选择快速傅里叶变换块的大小，采用补零的方法（即用零代替噪声数据）消除超出冲击有效持续时间 T_e 以外的多余噪声。

　　如图 3.8 所示为某实测复杂冲击加速度信号的傅里叶频谱分析结果。

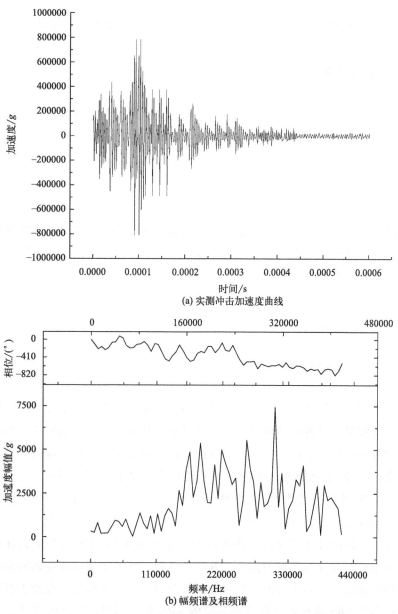

(a) 实测冲击加速度曲线

(b) 幅频谱及相频谱

图 3.8　实测复杂冲击信号的特征

从幅值谱可知，在各种振荡频率中均耦合了大量的正弦信号成分。

实际测量中允许有一定的误差。因此，实际测量中常引入频谱宽度 Δf 这一概念。从能量观点来看，脉冲信号的持续时间 Δt 常规定为绝大部分能量集中的那段时间。同样地，脉冲信号的频谱宽度 Δf 也是规定为绝大部分能量所集中的那段频带。工程上，一般规定为占脉冲信号总能量的 90% 的频带作为频谱宽度[33]。

工程实践证明，此时冲击对被试件造成损坏的可能性也就越大。

3.1.4 能量谱密度分析

为比较多个冲击加速度信号在频域的能量分布情况，则可采用能量谱密度进行分析。能量谱密度由式(3.10)进行确定。

$$\hat{E}(\omega) = \begin{cases} 2\,|A(\omega)|^2 & \omega > 0 \\ |A(\omega)|^2 & \omega = 0 \\ 0 & \omega < 0 \end{cases} \qquad (3.10)$$

同样地，为使整个冲击都包含在该数据块内，要合理选择快速傅里叶变换块的大小，并用补零的方法（即用零代替噪声数据）消除超出冲击有效持续时间 T_e 以外的多余噪声。

3.2 冲击响应谱

3.2.1 冲击响应谱的引入

工程研究的目的不是研究冲击脉冲加速度波形本身，而是要弄清其作用于被试件的效果，或者说是研究冲击运动对被试件的损伤势。如图 3.9 所示冲击加速度脉冲，仅仅通过冲击过载加速度脉冲波形分析（波形、峰值加速度、脉冲宽度）、速度变化量及频谱分析是不能区分其对被试件作用结果的差别的。为此，必须引入一个新的衡量冲击作用效果的分析方法——冲击响应谱(shock response spectrum，SRS)分析[14,18,34]。

因此，国内外在高加速度冲击试验领域普遍采用 SRS 试验来验证被测件抵抗复杂振荡型冲击环境的能力，并结合等效损伤原则制定相应的冲击测试标准，即在规定的时间历程内，如果被试件在地面冲击试验时、在冲击激励作用下所产生的 SRS 曲线与实际冲击环境的 SRS 曲线相当，则意味着被试件可以

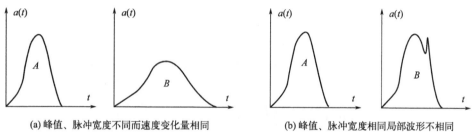

(a)峰值、脉冲宽度不同而速度变化量相同   (b)峰值、脉冲宽度相同局部波形不相同

图 3.9 不同波形参数及局部特征的冲击加速度脉冲

经受相应冲击过载环境的考核。目前，SRS 冲击试验法越来越多地被应用于航空航天、军事装备等高加速度冲击试验领域。

SRS 分析具有以下几大优势：

◇ 研究冲击的目的不是研究冲击波形本身，而更注重冲击过载作用于被试件的效果，或者说研究冲击激励对系统的损伤势。

◇ 传统的冲击规范严格规定冲击过载加速度脉冲的类型，而 SRS 规范则对冲击脉冲的类型和产生冲击的方法不做严格要求，试验灵活性增大。

◇ SRS 是响应等效的，对产品的作用效果也等效，便于比较不同冲击的严酷度差异。因此 SRS 试验比规定冲击过载加速度脉冲来模拟更接近实际冲击过载环境。

◇ 对于工程设计人员来说，通过 SRS 的试验与分析，可以对被试件各部件所承受的最大动载荷进行比较准确的获取，从而预测出冲击激励的潜在破坏性。

但是需要注意的是 SRS 分析丢失了冲击信号的相位信息。

3.2.2 SRS 定义

如图 3.10 所示，是将冲击激励施加于一系列线性、单自由度无阻尼质量-弹簧系统时，将各单自由度系统的响应运动中的最大响应值作为对应于系统固有频率的函数而绘制的曲线，即称为冲击响应谱。

由定义可知，冲击响应谱是单自由度系统受冲击作用后所产生的响应运动在频域中的特性描述，是无数频率响应叠加的结果。

实际被试件内部具有阻尼特性，而阻尼有降低响应的效果，阻尼可以降低振幅及缩短任何振荡成分的持续时间，所以，阻尼可以使被试件内部系统的响应大幅度衰减。因此，一般来说，有阻尼系统在冲击中的潜在损伤比无阻尼系

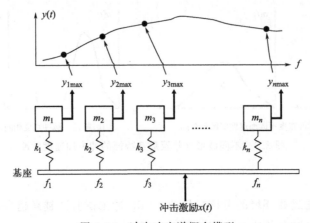

图 3.10 冲击响应谱概念模型

统要低。因为冲击响应谱的依据是理论上的无阻尼系统的响应，所以，它可以代表实际运用中可能发生的最坏情况。

◇ 正初始 SRS：指在脉冲持续时间内与激励脉冲同方向上出现的最大加速度响应曲线。

◇ 负初始 SRS：指在脉冲持续时间内与激励脉冲相反方向出现的最大加速度响应曲线。

◇ 正残余 SRS：指在脉冲结束后与激励脉冲同方向上出现的最大加速度响应曲线。

◇ 负残余 SRS：指在冲击脉冲结束后与激励脉冲方向相反方向上出现的最大加速度响应曲线。

◇ 最大 SRS：不同 SRS 对结构冲击的潜在损伤是不同的。由于被试件受到冲击的作用，其冲击响应的最大值就意味着被试件发生了最大的形变，被测物体出现了最大应力。因此，冲击响应的最大值与物体因受到冲击作用而导致的变形、损伤及故障有着直接的关系。由此，引出了最大 SRS。最大响应谱是取冲击初始响应谱和冲击残余响应谱之间最大组合而成的。显然，这忽略了最大响应是发生在冲击过程中还是发生在冲击结束后，因为这对于评估冲击对被试件的损伤并不重要。

在工程实际中，大多采用最大 SRS。对于高加速度冲击加速度脉冲试验与测试，绝对加速度信号是最容易获得的（通过安装在被试件上的加速度传感器测得），所以通常所说的冲击响应谱就是绝对加速度最大冲击响应谱。

3.2.3　SRS 基本理论

（1）冲击响应动力学模型

按照 SRS 模型概念，取其中一个单自由度系统，并考虑阻尼影响（每个自由系统具有相同的阻尼系数），其冲击响应动力模型如图 3.11 所示。

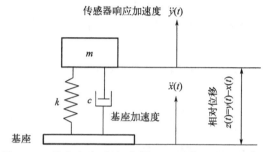

图 3.11　单自由度质量-弹簧-阻尼冲击响应动力模型

则可得质量 m 的受力如图 3.12 所示。

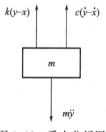

图 3.12　受力分析图

则可得在冲击激励直接引起基座的绝对位移突变 $x(t)$ 时，其动力学方程为：

$$m\ddot{y} + c(\dot{y} - \dot{x}) + k(y - x) = 0 \tag{3.11}$$

从式（3.11）可看出，为了得到响应 $y(t)$，必须给出基础输入的位移 $x(t)$ 和速度 $\dot{x}(t)$。而高加速度冲击试验时，测量作用在基座上的激励通常为加速度脉冲，即冲击激励直接引起基座的绝对加速度的突变 $\ddot{x}(t)$，引入质量

m 相对于基座的相对位移：

$$z(t) = y(t) - x(t) \tag{3.12}$$

则式(3.11) 变为：

$$m\ddot{z} + c\dot{z} + kz = -m\ddot{x} \tag{3.13}$$

再引入变量固有频率 $\omega_n = \sqrt{\dfrac{k}{m}}$ 和阻尼比 $\xi = \dfrac{c}{2\sqrt{km}}$，则式(3.13) 可变成以下标准形式：

$$\ddot{z} + 2\xi\omega_n\dot{z} + \omega_n^2 z = -\ddot{x} \tag{3.14}$$

式(3.14) 常称为相对位移模型，主要用于评估冲击可能给被试件带来的损伤。

若将 $z = y - x$ 代入式(3.14) 整理可得：

$$\ddot{y} + 2\xi\omega_n\dot{y} + \omega_n^2 y = 2\xi\omega_n\dot{x} + \omega_n^2 x \tag{3.15}$$

通常，式(3.15) 称为绝对加速度响应模型，主要用于制定冲击试验规范。

（2）冲击响应动力学模型的求解

式(3.14) 的通解为：

$$z(t) = e^{-\xi\omega_n t}\left[z(0)\left(\cos\omega_d t + \frac{\xi}{\sqrt{1-\xi^2}}\sin\omega_d t\right) + \frac{\dot{z}(0)}{\omega_d}\sin\omega_d t\right] \\ - \frac{1}{\omega_d}\int_0^t \ddot{x}(\tau)e^{-\xi\omega_n(t-\tau)}\sin\omega_d(t-\tau)d\tau \tag{3.16}$$

式中　　$z(0)$，$\dot{z}(0)$ ——系统的初始条件；

　　　　ω_d ——系统的有阻尼频率，$\omega_d = \omega_n\sqrt{1-\xi^2}$；

　　　　τ ——时间积分变量。

进一步则可得相对速度为：

$$\dot{z}(t) = e^{-\xi\omega_n t}\left[-z(0)\frac{\omega_n}{\sqrt{1-\xi^2}}\sin\omega_d t + \dot{z}(0)\left(\cos\omega_d t - \frac{\xi}{\sqrt{1-\xi^2}}\sin\omega_d t\right)\right] \\ - \int_0^t \ddot{x}(\tau)e^{-\xi\omega_n(t-\tau)}\left[\cos\omega_d(t-\tau) - \frac{\xi}{\sqrt{1-\xi^2}}\sin\omega_d(t-\tau)\right]d\tau \tag{3.17}$$

结合式(3.12)、式(3.14) 求得绝对加速度为：

$$\ddot{y} = \ddot{z} + \ddot{x} = -(2\xi\omega_n\dot{z} + \omega_n^2 z) \tag{3.18}$$

根据测得的基础激励加速度 $\ddot{x}(t)$，通过式(3.16)、式(3.17) 求得系统的

相对位移响应 $z(t)$ 和相对速度响应 $\dot{z}(t)$，便可以根据式（3.18）求得系统的绝对加速度响应 $\ddot{y}(t)$，求得每个频率对应的绝对加速度绝对值的最大值，便得到最常用的最大绝对值冲击加速度响应谱。

可得绝对加速度的解析解为：

$$\ddot{y}(t) = \frac{1}{\omega_d} \int_0^t \ddot{x}(\tau) \mathrm{e}^{-\xi \omega_n (t-\tau)} \left[(\omega_d^2 - \xi^2 \omega_n^2) \sin\omega_d(t-\tau) + 2\xi\omega_n\omega_d\cos\omega_d(t-\tau) \right] \mathrm{d}\tau$$

$$(3.19)$$

式（3.16）～式（3.19）是理论计算 SRS 的基本公式。

3.3　SRS 的数值计算方法

高加速度冲击加速度脉冲试验时，往往测得的是加速度离散信号，如何通过数字计算获得 SRS 是这一节要解决的问题。

SRS 的数值计算方法较多，归结起来可分为两大类：一类是直接积分法、递归数字滤波法等传统的方法；另一类是现在广泛应用于实际工程中的改进的递归数字滤波法，即 Smallwood 方法[35-36]。

3.3.1　Smallwood 方法简介 [35]

定义广义斜坡函数为：

$$\ddot{u}(t) = A(t - k\Delta t)\mu(t - k\Delta t) \tag{3.20}$$

式中，$\mu(t - k\Delta t)$ 为单位阶跃函数；A 是在 $t = k\Delta t$ 时斜坡的斜率。应用叠加原理，就可得一个用梯形函数高精度逼近冲击输入的离散模型。其绝对加速度模型为：

$$\widehat{H}(Z) = \frac{b_0 + b_1 z^{-1} + b_2 z^{-2}}{1 - 2Cz^{-1} + E^2 z^{-2}} \tag{3.21}$$

式中，$E = \mathrm{e}^{\xi\omega_n t}$；$K = \Delta t\omega_d$；$C = E\cos K$，$S = E\sin K$；$b_0 = 1 - S/K$；$b_1 = 2(S/K - C)$；$b_2 = E^2 - S/K$。

由此可得如下斜坡不变模型的绝对加速度响应递推公式：

$$\ddot{y}_k = b_0\ddot{x}_k + b_1\ddot{x}_{k-1} + b_2\ddot{x}_{k-2} - a_1\ddot{y}_{k-1} - a_2\ddot{y}_{k-2} \tag{3.22}$$

式中，$a_1 = -2C$；$a_2 = E^2$。

为了提高低频时的计算精度，可采用如下公式进行：

$$\ddot{y}_k = b_0 \ddot{x}_k + b_1 \ddot{x}_{k-1} + b_2 \ddot{x}_{k-2} + \ddot{y}_{k-1} + (\ddot{y}_{k-1} - \ddot{y}_{k-2}) \tag{3.23}$$
$$- (a_1 + 2)\ddot{y}_{k-1} - (a_2 - 1)\ddot{y}_{k-2}$$

3.3.2 基于二次插值的递归算法[37]

由于实际测量的冲击激励加速度脉冲是离散的，即 $\ddot{x}(t)$ 变成 $\ddot{x}(t_k)$，因此其对应的绝对冲击加速度响应在时间上也应是离散的，即为 $\ddot{y}(t_k)$，数据点之间的时间间隔即为采样时间间隔 Δt。这样一来，可以采用递归算法以避免式(3.16)、式(3.17) 中的积分计算在 $[0, t]$ 区间进行积分运算，其递归计算公式为：

$$z_{k+1} = e^{-\xi\omega_n\Delta t}\left[z_k\left(\cos\omega_d\Delta t + \frac{\xi}{\sqrt{1-\xi^2}}\sin\omega_d\Delta t\right) + \frac{\dot{z}_k}{\omega_d}\sin\omega_d\Delta t\right] \tag{3.24}$$
$$- \frac{1}{\omega_d}\int_0^{\Delta t}\ddot{x}(t_k+\tau)e^{-\xi\omega_n(\Delta t-\tau)}\sin\omega_d(\Delta t-\tau)d\tau$$

$$\dot{z}_{k+1} = e^{-\xi\omega_n\Delta t}\left[-z_k\frac{\omega_n}{\sqrt{1-\xi^2}}\sin\omega_d\Delta t + \dot{z}_k\left(\cos\omega_d\Delta t - \frac{\xi}{\sqrt{1-\xi^2}}\sin\omega_d\Delta t\right)\right]$$
$$- \int_0^{\Delta t}\ddot{x}(t_k+\tau)e^{-\xi\omega_n(\Delta t-\tau)}\left[\cos\omega_d(\Delta t-\tau) - \frac{\xi}{\sqrt{1-\xi^2}}\sin\omega_d(\Delta t-\tau)\right]d\tau$$
$$\tag{3.25}$$

式(3.24)、式(3.25) 中积分项里的 $\ddot{x}(t_k+\tau)$ 在时间上仍是连续的，而 $\ddot{x}(t_k)$ 仅在离散的时间点 t_k 上有值，要用插值方法进行近似。使用 $k-1$、k、$k+1$ 三点进行二次插值得：

$$\ddot{x}(t_k+\tau) = \ddot{x}(t_k) + W_k\frac{\tau}{\Delta t} + \frac{W_{k-1}^2}{2}\left(\frac{\tau^2}{\Delta t^2} - \frac{\tau}{\Delta t}\right) \tag{3.26}$$

式中，$W_k = \ddot{x}_{k+1} - \ddot{x}_k$；$W_{k-1}^2 = \ddot{x}_{k+1} - 2\ddot{x}_k + \ddot{x}_{k-1}$。

此时，将式(3.26) 代入式(3.24)、式(3.25)，则其中的定积分具有如下解析解：

$$I_1 = \int_0^{\Delta t}e^{-\xi\omega_n(\Delta t-\tau)}\sin\omega_d(\Delta t-\tau)d\tau \tag{3.27}$$
$$= \frac{\sqrt{1-\xi^2}}{\omega_n}\left[1 - e^{-\xi\omega_n\Delta t}\left(\cos\omega_d\Delta t + \frac{\xi}{\sqrt{1-\xi^2}}\sin\omega_d\Delta t\right)\right]$$

$$I_2 = \int_0^{\Delta t} \tau e^{-\xi \omega_n (\Delta t - \tau)} \sin \omega_d (\Delta t - \tau) d\tau$$

$$= \frac{1}{\omega_n} \left\{ \omega_d \Delta t - 2\xi \sqrt{1 - \xi^2} + e^{-\xi \omega_n \Delta t} \left[2\xi \sqrt{1 - \xi^2} \cos \omega_d \Delta t - (1 - 2\xi^2 \sin \omega_d \Delta t) \right] \right\}$$

$$(3.28)$$

$$I_3 = \int_0^{\Delta t} \tau^2 e^{-\xi \omega_n (\Delta t - \tau)} \sin \omega_d (\Delta t - \tau) d\tau$$

$$= \frac{1}{\omega_n^3} \left\{ 4\omega_d \Delta t + \sqrt{1 - \xi^2} (2 - 8\xi^2 - \omega_n^2 \Delta t^2) + e^{-\xi \omega_n \Delta t} \left[\begin{array}{l} (8\xi^2 - 2) \sqrt{1 - \xi^2} \cos \omega_d \Delta t \\ + (8\xi^2 - 2)\xi \sin \omega_d \Delta t \end{array} \right] \right\}$$

$$(3.29)$$

$$I_4 = \int_0^{\Delta t} e^{-\xi \omega_n (\Delta t - \tau)} \cos \omega_d (\Delta t - \tau) d\tau = \frac{1}{\omega_n} \left[\xi - e^{-\xi \omega_n \Delta t} \left(\xi \cos \omega_d \Delta t - \sin \omega_d \Delta t \sqrt{1 - \xi^2} \right) \right]$$

$$(3.30)$$

$$I_5 = \int_0^{\Delta t} \tau e^{-\xi \omega_n (\Delta t - \tau)} \cos \omega_d (\Delta t - \tau) d\tau$$

$$= \frac{1}{\omega_n^2} \left\{ 1 - 2\xi^2 + \xi \omega_n \Delta t - e^{-\xi \omega_n \Delta t} \left[(1 - 2\xi^2) \cos \omega_d \Delta t - 2\xi \sqrt{1 - \xi^2} \sin \omega_d \Delta t \right] \right\}$$

$$(3.31)$$

$$I_6 = \int_0^{\Delta t} \tau^2 e^{-\xi \omega_n (\Delta t - \tau)} \cos \omega_d (\Delta t - \tau) d\tau$$

$$= \frac{1}{\omega_n^3} \left\{ \begin{array}{l} 2\xi(4\xi^2 - 3) + 2(1 - \xi^2)\omega_n \Delta t + \xi \omega_n^2 \Delta t^2 \\ - e^{-\xi \omega_n \Delta t} \left[\begin{array}{l} 2\xi(4\xi^2 - 3) \cos \omega_d \Delta t \\ + 2\sqrt{1 - \xi^2} (1 - 4\xi^2) \sin \omega_d \Delta t \end{array} \right] \end{array} \right\} \quad (3.32)$$

将式(3.27)～式(3.32) 代入式(3.24)、式(3.25) 可得：

$$z_{k+1} = B_1 z_h + B_2 \dot{z}_k + B_3 \ddot{x}_k + B_4 W_k + B_5 W_{k-1}^2 \tag{3.33}$$

$$\frac{\dot{z}_{k+1}}{\omega_n} = B_6 z_k + B_7 \dot{z}_k + B_8 \ddot{x}_k + B_9 W_k + B_{10} W_{k-1}^2 \tag{3.34}$$

式中：

$$B_1 = e^{-\xi \omega_n \Delta t} \left(\cos \omega_d \Delta t + \frac{\xi}{\sqrt{1 - \xi^2}} \sin \omega_d \Delta t \right) \tag{3.35}$$

$$B_2 = \frac{\mathrm{e}^{-\xi\omega_n\Delta t}}{\omega_d}\sin\omega_d\Delta t \tag{3.36}$$

$$B_3 = -\frac{I_1}{\omega_d} \tag{3.37}$$

$$B_4 = -\frac{I_2}{\omega_d\Delta t} \tag{3.38}$$

$$B_5 = -\frac{1}{2\omega_d}\left(\frac{I_3}{\Delta t^2} - \frac{I_2}{\Delta t}\right) \tag{3.39}$$

$$B_6 = \frac{\mathrm{e}^{-\xi\omega_n\Delta t}}{\sqrt{1-\xi^2}}\sin\omega_d\Delta t \tag{3.40}$$

$$B_7 = \frac{\mathrm{e}^{-\xi\omega_n\Delta t}}{\omega_n}\left(\cos\omega_d\Delta t - \frac{\xi}{\sqrt{1-\xi^2}}\sin\omega_d\Delta t\right) \tag{3.41}$$

$$B_8 = \frac{\xi I_1}{\omega_d} - \frac{I_4}{\omega_n} \tag{3.42}$$

$$B_9 = \frac{\xi I_2}{\omega_d\Delta t} - \frac{I_5}{\omega_n\Delta t} \tag{3.43}$$

$$B_{10} = \frac{\xi}{2\omega_d}\left(\frac{I_3}{\Delta t^2} - \frac{I_2}{\Delta t}\right) - \frac{1}{2\omega_n}\left(\frac{I_6}{\Delta t^2} - \frac{I_5}{\Delta t}\right) \tag{3.44}$$

将式(3.35)～式(3.44)代入式(3.33)、式(3.34)即可得式(3.24)、式(3.25)的解 z_{k+1} 和 $\dot{z}_{k+1}$，进而利用式(3.15)即可求得绝对加速度冲击响应，最终获得 SRS。

3.3.3　SRS 计算中的参数选择

（1）频率范围的选择

SRS 分析计算时，往往需要确定所关注的频率范围，一般只需要输入分析的起始频率，这要根据经受冲击试验的结构所需要关注的最低频率来确定，但应尽可能包含所要研究结构的共振频率和冲击的重要频率范围。高加速度冲击，如进行火工品爆炸冲击信号的分析时，起始频率可适当大一些，如 1Hz、10Hz、100Hz 等。对于大型结构件的冲击试验，利用冲击响应谱评估其损伤势时，则起始频率应小一些，如 0.1Hz、0.01Hz。但要注意起始频率越低，其他参数不变的情况下，SRS 的计算时间越长。

（2）阻尼的选取

阻尼对 SRS 的影响相对较小，因此阻尼的选取不是特别重要。但实际冲击被试件必定存在阻尼，SRS 计算时应该根据被试件结构及工况特点，确定适当的阻尼。通常情况下，在不知道阻尼的具体值时，阻尼比取 $\xi=0.05$ [品质因数 $Q=1/(2\xi)=10$]。实际工程中，Q 值的最可能范围是 5～20，且往往小于 10。所以在不做特别说明的情况下往往取 $Q=10$ 进行计算即可。

（3）采样频率

SRS 最重要的便是获取在冲击激励下不同频率的单自由度系统的最大响应值，所以采样频率应足够高。研究表明，SRS 计算时的幅值误差与采样因子的关系为：

$$e=100\left(1-\cos\frac{\pi}{S_{\mathrm{F}}}\right) \tag{3.45}$$

式中，S_{F} 为采样因子，其计算公式为：

$$S_{\mathrm{F}}=\frac{采样频率}{SRS\ 最大频率} \tag{3.46}$$

由此可确定，高频段的误差低于 2% 的采样频率应高于 SRS 最高频率的 16 倍，误差低于 1% 时则应使采样频率高于 SRS 最高频率的 32 倍。

当然，为保证计算精度，不同的 SRS 计算方法，对采样频率有不同的要求。不过，目前最常用的 Smallwood 方法对采样频率没有特别的要求。

（4）计算点数的选择

在 SRS 计算过程中，为节省计算时间，在分析频率范围内的计算频率是不连续的，而是按倍频程选取离散的计算频率点。对于经典冲击的 SRS 计算，一般频率计算点数 200 个即可。为包含信号中的所有频率成分，每倍频程的计算频率点数 N 应满足如下要求：

$$N\geqslant\frac{\ln2}{2\ln\left(\frac{1}{2Q}+\sqrt{1+\frac{1}{4Q^{2}}}\right)} \tag{3.47}$$

经讨计算，当以 1/12 倍频程取计算频率点时，每频程计算频率点数为 40，即便是 Q 值的范围为 5～35，也可以满足上式的要求。

3.3.4　SRS 计算的数据准备合理性检测及注意事项

目前广泛应用于实际工程中的改进的递归数字滤波法——Smallwood 方法，是通过在滤波过程中找出某个频率的最大响应值来进行滤波的。因此，它对于所计算信号的开始部分是敏感的，甚至导致错误的结果。所以，信号中的任何偏移都应该去除。

如果所分析的信号是一个瞬态冲击信号，建议在冲击事件发生之前记录一段数据，通过计算所有信号的均值并从信号中减去该值以去除偏移。

为了检查是否存在错误的低频取值问题，应同时计算最大响应谱和最小响应谱并进行比较。如果在整个频率范围内，两者取值超过两倍，则认为所分析的信号是有问题的。在计算之前，应将低频信号滤除。当选用合适的高通滤波器处理时，更应该小心，因为这很容易扭曲所分析数据的形态。

另外，也可以在计算 SRS 之前对加速度信号进行数值积分得到速度信号，根据实际情况检查加速度信号是否合理。

对于爆炸冲击，最大正 SRS 和最大负 SRS 幅值非常接近，这也是判断是否是爆炸冲击的一个方面。其次，爆炸冲击的响应幅值（高频段响应的包络幅值与激励幅值之比（即放大倍数）要比理想脉冲的放大倍数高，可达到 $2\sim$ 6 倍。再者，在双对数谱图中，爆炸冲击的 SRS 在低频段的斜率为 $6\sim12\mathrm{dB}/$ oct，如果传感器存在漂移，则该斜率小于 $6\mathrm{dB/oct}$。

另外，利用根据加速度信号积分得到的速度变换情况也可以进行判断。如果受冲击的结构在改过程中的速度变化量为零，信号的均值应保持在信号波动的峰值范围内。如果被试结构的初速度为零，则受冲击过程中的速度变化量应与被试结构的速度变化量一致。

3.3.5 SRS 的非唯一性

经过多年的实际应用证明，具有相同 SRS 的任何冲击加速度曲线都具有相同的损伤潜力是 SRS 应用的一个基本前提。也就是说，通常情况下，具有相似 SRS 曲线的时间历史产生的损伤统计数据几乎相同。但正因为如此，SRS 具有非唯一特点。理论上可以推导出无限数量的冲击加速度信号，而这些信号产生的 SRS 可以几乎相同。这是因为 SRS 是一个不完整的变换，变换后的结果丢失了一些信息，是不可逆的信号处理方式。相反，傅里叶变换是一个完整的变换过程，信号采样足够时，变换是可逆的。

需要注意的是，SRS 的非唯一性在一定程度上受限于所分析的频率范围。虽然在更大的频率范围内匹配 SRS 当然是可能的，但这主要集中在电动或液压振动试验台系统上测试的冲击加速度。这些系统在最大位移、速度和加速度方面有明显的实际限制。因此，即使 SRS 在定义的频率范围内名义上是相同的，并且冲击损伤潜力应该是等效的，但实际情况是不同的。在定义的频率范围之外，冲击确实有很大的不同，如果这些频率是部件损坏的原因，那么在较窄的频率范围内等效的 SRS 在实践中可能不会造成同等的损坏，因为所有频率范围都是固有的。

因此，除了 SRS 之外，通常需要或期望给出关于冲击脉冲的其他信息，如冲击脉冲持续时间或波形等相关测量值。速度变化量是用来描述冲击类型的另一个特征值。当这些信息明确后，便有助于确保实验室测试与现场测试的要求一致，试验结果更准确，效果更好。

3.4　SRS 的形式及无量纲表达

3.4.1　不同形式的 SRS

事实上，单自由度系统在选用不同的变量作为考查对象时，便对应着不同类型的 SRS。在此用表 3.1 列出常见的 SRS 形式。其中最常用的就是绝对加速度冲击响应谱和伪速度冲击响应谱。上节中所述的冲击响应谱即为绝对加速度冲击响应谱。

表 3.1　不同形式的 SRS

冲击响应谱类型	英文名称	定义式
绝对加速度冲击响应谱	absolute-acceleration SRS（AASRS）	$S_{aa} = \lvert \ddot{y}(t) \rvert_{max}$
绝对加速度伪速度冲击响应谱	absolute-acceleration-pseudo-velocity SRS（AAPVSRS）	$S_{aapv} = \dfrac{1}{\omega_d} \lvert \ddot{y}(t) \rvert_{max}$
相对位移冲击响应谱	relative displacement SRS（RDSRS）	$S_{rd} = \lvert z(t) \rvert_{max}$
伪速度冲击响应谱	pseudo-velocity SRS（PVSRS）	$S_{pv} = \omega_d \lvert z(t) \rvert_{max}$
伪加速度冲击响应谱	pseudo-acceleration SRS（PASRS）	$S_{pa} = \omega_d^2 \lvert z(t) \rvert_{max}$

无论何种形式的冲击响应谱，都有伪加速度、伪速度和伪位移的计算，它们的量纲分别和加速度、速度和位移的量纲一致。不同形式的 SRS 均反映了某频率的单自由度系统在受到冲击激励时的响应位移、速度和加速度，即反映了被试结构系统的某阶模态位移、速度和加速度情况。这些概念间的关系复杂且容易混淆，所以对于这些概念的理解非常重要，对 SRS 在以后章节中的具体分析和应用至关重要。

在阻尼比为零时，最大伪加速度 $S_{pa\_max} = \omega_d^2 \lvert z(t) \rvert_{max}$ 就等于冲击过程中

的绝对加速度（加速度传感器测得的加速度值）。最大伪速度 $S_{pv\_max} = \omega_d |z(t)|_{max}$ 等于冲击过程中的速度变化量（安装传感器的被试件）。最大相对位移 $S_{rd\_max} = |z(t)|_{max}$ 即为冲击过程中最大绝对位移（安装传感器的被试件）。当阻尼比不为零时，这些值略小些。而相对速度 $\dot{z}(t)$ 在频率为零时趋于冲击过程中的最大速度（安装传感器的被试件）。

3.4.2 理想冲击加速度脉冲 SRS 的无量纲表达

由第 2 章可知，理想冲击加速度脉冲可用对应的函数表达式描述，因此，只要峰值、脉宽等参数已知，便可绘制相应的时域图形。为使 SRS 图更具有普遍的应用性，往往对理想冲击加速度脉冲的 SRS 进行归一化处理，以便于研究 SRS 的特征，也可以用于判断实际冲击加速度脉冲的类型，以及制定冲击试验规范等。

无论哪种形式的 SRS，谱图的横坐标都是频率。理想冲击加速度脉冲的脉宽是已知的，所以，无量纲表达时，归一化频率统一表示成如下形式：

$$\text{FF} \geqslant f\tau \tag{3.48}$$

式中，FF 为归一化频率，无量纲；f 为某阶单自由度系统的固有频率，Hz；τ 为激励加速度脉冲的脉宽，s。

SRS 图的纵坐标与选择的 SRS 具体形式有关。为便于描述，以常用的绝对加速度 SRS 为例，其响应最大幅值为 S_{aapv}，已知激励加速度脉冲的峰值为 a_Λ，则可采用下式对其进行无量纲处理：

$$\text{SS} \geqslant \frac{S_{aapv}}{a_\Lambda} \tag{3.49}$$

式中，SS 为归一化响应最大幅值。

以归一化频率及归一化最大响应幅值绘制得到 SRS 的无量纲图形。

3.5 常见冲击信号无量纲 AASRS 及特征

3.5.1 理想冲击加速度脉冲的无量纲 AASRS 及特征

采用 Smallwood 冲击响应谱数值计算方法，对峰值为 1000m/s^2、脉宽为 1ms 的半正弦、钟形、梯形、三角形、后峰锯齿、前峰锯齿和矩形等 7 种理想冲击加速度进行了计算，其归一化绝对加速度 SRS 如图 3.13～图 3.19 所示，所有谱图均采用了对数坐标。

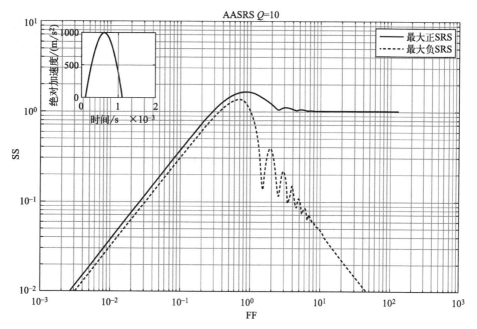

图 3.13　理想半正弦及归一化 SRS

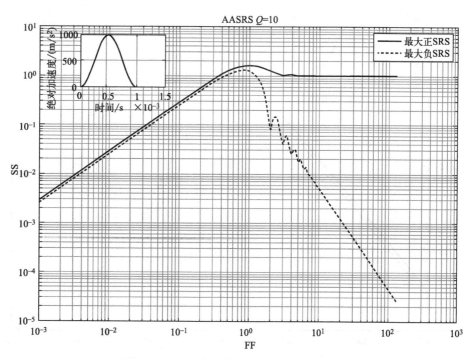

图 3.14　理想钟形冲击加速度及归一化 SRS

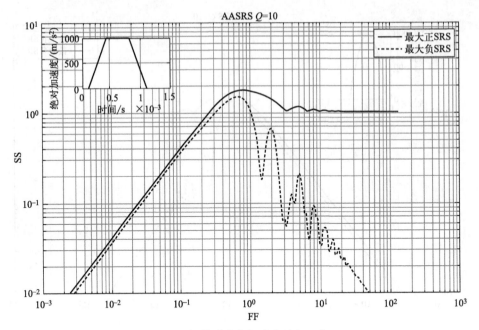

图 3.15　理想梯形冲击加速度及归一化 SRS

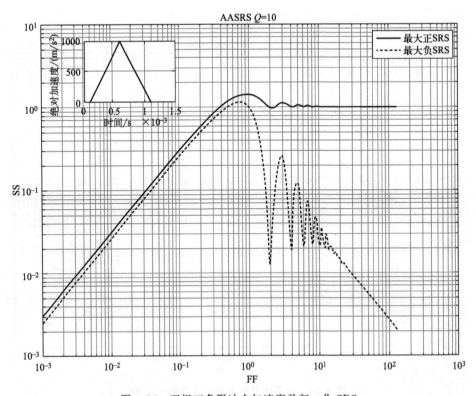

图 3.16　理想三角形冲击加速度及归一化 SRS

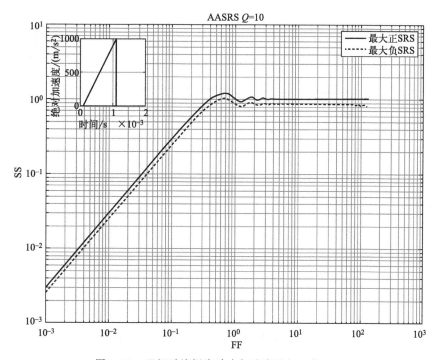

图 3.17 理想后峰锯齿冲击加速度及归一化 SRS

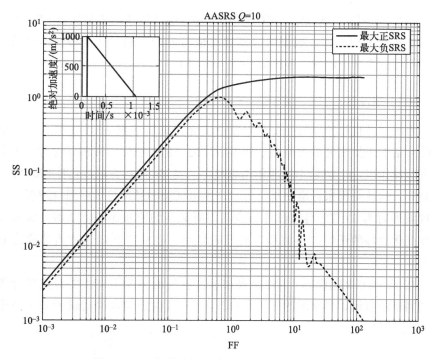

图 3.18 理想前峰锯齿冲击加速度及归一化 SRS

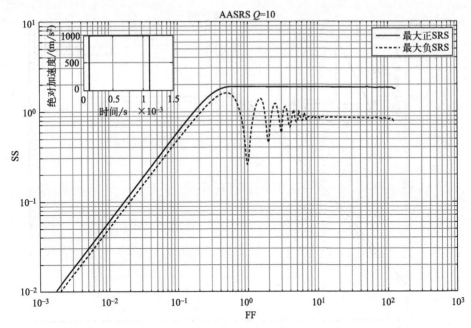

图 3.19　理想矩形冲击加速度及归一化 SRS

图 3.13～图 3.19 中，为减小图幅大小，通常绘图时将最大负 SRS 取绝对值。观察上述 SRS 图，根据响应加速度值与冲击激励加速度峰值的比较，每张谱图可分为 3 个区域，各区域特征分析如下。

（1）缓冲区

当被试件自然频率与冲击激励加速度脉冲宽度乘积 $f\tau$ 小于某值时，被试件的冲击响应加速度最大值小于冲击激励的峰值加速度，即被试件对冲击激励具有缓冲作用，$f\tau$ 值越小缓冲作用越显著。当 $f\tau < 0.2$ 时，几种 SRS 波形几乎相同，这就是国家标准中规定的"当冲击试验的脉冲持续时间（理想冲击加速度波形时为 τ）T_e 与被试件的最高固有频率的乘积小于 0.2 时，就可采用速度变化相等的任何冲击波形"的理论依据，也是需要规定冲击速度容差的理由。

在 $f\tau < 0.2$ 范围内，7 种经典加速度脉冲的 AASRS 对数-对数坐标图均为同斜率的直线，斜率均为 1，即 6dB/oct，这也是制定冲击试验规范的依据之一。

（2）放大区

当 $0.2 \sim 0.4 < f\tau < 2 \sim 10$ 时，被试件的冲击响应加速度最大值大于冲击激励脉冲的峰值加速度，在此区间内，冲击响应具有放大作用，放大倍数与冲击激励加速度脉冲类型及品质因数 Q 有关。在 $Q = 10$ 的情况下，矩形冲击激励的放大效果最强，达 1.859（理论值为 2）倍，其次是梯形，响应加速度放大 1.776 倍，半正弦为 1.651，钟形为 1.596，三角形为 1.421 倍，后峰锯齿为 1.188 倍。

在放大区内，几种冲击激励的最大负 SRS 差别很大。后峰锯齿波的最大正 SRS 在相当宽的频带内与最大负 SRS 几乎平行，而且相当平滑，这样的频谱特性有利于改善冲击试验的可再现性。且由于对称的原因，有的专家建议，如用后峰锯齿波做冲击试验可以省去二分之一的试验方向数，但后峰锯齿波比半正弦波更难产生。

（3）等冲区

当 $f\tau > 10$ 后，几种冲击激励的冲击作用可视为相等。在更高频率时，最大正 SRS 近似等于激励加速度峰值，除后峰锯齿和矩形外，最大负 SRS 近似于零。这证明，对一个刚度很大的被试件，其运动响应是紧紧随着冲击激励加速度的时间历程而发生的。此时，被试件与基座的连接可以看成是刚性的。产品的抗冲击设计，可直接利用标准脉冲参数。

值得注意的是，SRS 的低频段是由剩余谱构成的，频率逐渐增大，SRS 的高频段则是由初始谱构成的。冲击加速度脉冲的脉宽越窄，剩余谱主导作用的频带就越宽，即脉宽越窄，SRS 的频率范围越大，比如爆炸冲击，频率范围可达 10kHz。

3.5.2　理想冲击加速度脉冲的无量纲 SRS 比较

图 3.20 所示是上述 7 种理想冲击加速度脉冲（峰值为 1000m/s^2、脉宽为 1ms）的最大正 SRS 比较。矩形冲击的最大正 SRS 始终是最大的，而后峰锯齿冲击的最大正 SRS 最小，主要是前者加速度脉冲前后沿均有突变，而后峰锯齿冲击脉冲具有最缓慢变化的前沿。另外，矩形和前峰锯齿冲击脉冲的最大正 SRS 在高频段均恒定在激励脉冲峰值的近 2 倍。

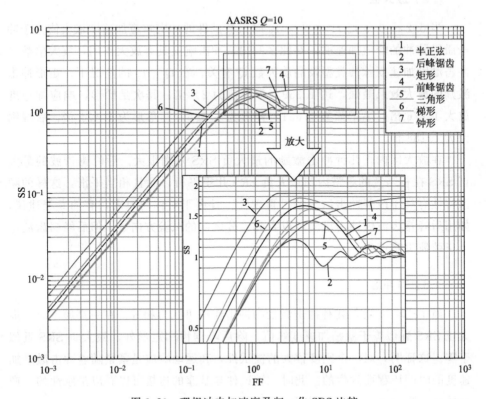

图 3.20 理想冲击加速度及归一化 SRS 比较

3.5.3 冲击加速度幅值与脉宽对最大正 SRS 的影响

图 3.21 所示是峰值分为 $500\mathrm{m/s^2}$、$1000\mathrm{m/s^2}$、$2000\mathrm{m/s^2}$，脉宽为 1ms 的钟形冲击加速度脉冲的最大正 SRS 比较。由图可知，SRS 的幅值将随着冲击激励信号的幅值而变化，这不难于理解。因为，SRS 就是描述的单自由度线性系统在冲击激励下的最大响应。

图 3.22 所示是峰值分为 $1000\mathrm{m/s^2}$，脉宽分别为 10ms、1ms、0.1ms 时半正弦冲击加速度脉冲的最大正 SRS 比较。显然，冲击脉冲的脉宽越小，响应谱的拐点频率越高。也就是说，剩余谱占主导作用的频带越宽。

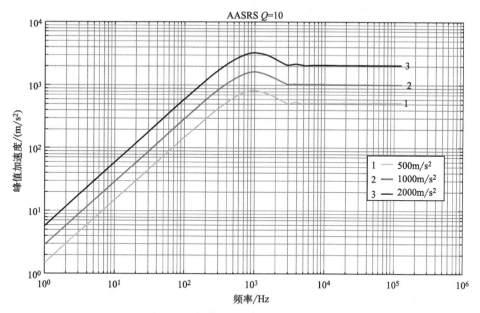

图 3.21　幅值对 SRS 的响应（钟形）

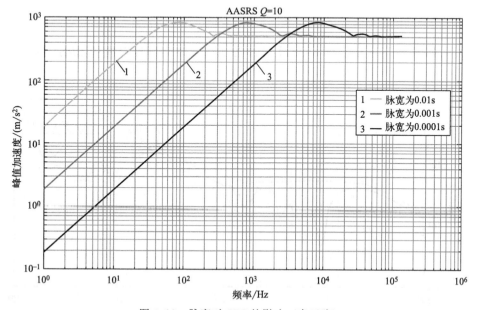

图 3.22　脉宽对 SRS 的影响（半正弦）

3.5.4 实测冲击加速度脉冲的 AASRS

如图 3.23 所示是某气动垂直冲击试验台测得的冲击加速度时间历程，峰值加速度为 1196g，脉冲宽度 0.9ms 左右。同时注意到，加速度时间历程的初始阶段，出现了负值加速度，这是由于气动加速向下运动所造成的。

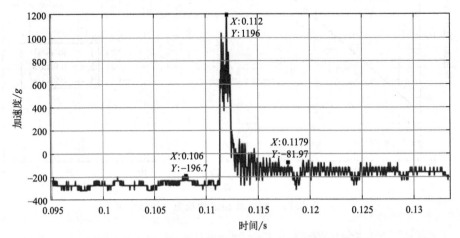

图 3.23 某气动垂直冲击试验台冲击加速度时间历程

如图 3.24 所示是图 3.23 实测冲击加速度时间历程对应的 SRS。该 SRS

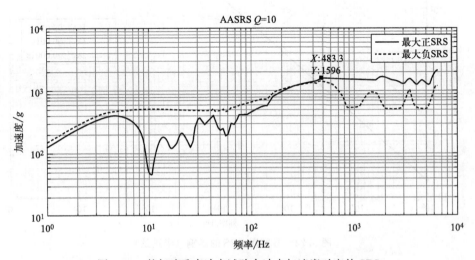

图 3.24 某气动垂直冲击试验台冲击加速度对应的 SRS

和理论冲击加速度脉冲的响应谱图有较大的区别。在较宽的低频频率范围内，正残余谱比正初始谱大，这正是冲击加速度时间历程中出现了加速度方向改变所导致的。

3.6　伪速度谱

由式(3.16)～式(3.18)可知，通过测得的加速度信号，单自由度系统的相对位移、相对速度、相对加速度及绝对加速度是容易计算获得的，第 3.5 节主要是对最大绝对加速度 SRS 的分析。

但实际上，Howard A. Gaberson 等人已经证明，模态速度与被试件的应力成正比，而伪速度又近似于模态速度，因此伪速度谱在评估损伤势方面更具有优势和便利。所谓的伪速度，就是式(3.16)所求出的相对位移与有阻尼角频率的乘积，其不是真正意义上的速度，但具有和速度相同的量纲，因此称为伪速度[38-43]。

3.6.1　伪速度谱的计算

在冲击的初始时刻，$z(0) = \dot{z}(0) = 0$，则式(3.16)变为：

$$z(t) = -\frac{1}{\omega_d} \int_0^t \ddot{x}(\tau) e^{-\xi\omega_n(t-\tau)} \sin\omega_d(t-\tau) d\tau \tag{3.50}$$

所以伪速度谱计算公式为：

$$S_{pv} = z_{max}\omega_d = \left| -\int_0^t \ddot{x}(\tau) e^{-\xi\omega_n(t-\tau)} \sin\omega_d(t-\tau) d\tau \right|_{max} \tag{3.51}$$

当阻尼为零时，$\omega_d = \omega_n$，伪速度谱计算公式变成：

$$S_{pv} = z_{max}\omega_d = \left| -\int_0^t \ddot{x}(\tau) \sin\omega_n(t-\tau) d\tau \right|_{max} \tag{3.52}$$

这正是单自由度系统中质量的绝对速度。

同时，在 $z(0) = \dot{z}(0) = 0$ 和零阻尼情况下，式(3.50)、式(3.17)及式(3.18)可变为：

$$z(t) = \frac{1}{\omega_n} \int_0^t \ddot{x}(\tau) \sin\omega_n(t-\tau) d\tau \tag{3.53}$$

$$\dot{z}(t) = -\int_0^t \ddot{x}(\tau) \cos\omega_n(t-\tau) d\tau \tag{3.54}$$

$$\ddot{y} = \omega_n \int_0^t \ddot{x}(\tau)\sin\omega_n(t-\tau)\mathrm{d}\tau \qquad (3.55)$$

所以，此时的伪加速度冲击响应谱和绝对加速度冲击响应谱实质是一样的，也就是说，伪加速度冲击响应谱的物理意义可解释为最大绝对加速度冲击响应谱。

3.6.2　PVSRS 的 4CP 图

由表 3.1 及 SRS 的计算表达式可知，伪速度冲击响应谱、相对位移冲击响应谱和伪加速度冲击响应谱之间的关系为：

$$\frac{S_{pa}}{\omega_n} = S_{pv} = S_{rd}\omega_n \qquad (3.56)$$

因为 $\omega_n = 2\pi f_n$，则对式(3.56)都取对数时有：

$$\lg S_{pa} - \lg 2\pi f_n = \lg S_{pv} = \lg 2\pi f_n + \lg S_{rd} \qquad (3.57)$$

因此，在伪速度对频率的对数坐标冲击响应谱图中，伪速度、相对位移和伪加速度线的斜率分别为 0°、45°和 −45°。也就是说，PVSRS 可在四坐标图上表达，即所谓的 4CP 图。谱图上的任何一点代表着四个含义：频率以及该频率处冲击响应的相对位移、伪速度、伪加速度。

虽然，AASRS 是航空航天工程中的一种主要方法，几乎所有的冲击试验规范和数据采集都采用了相关标准中规定的 AASRS 形式。然而，由于以下原因，PVSRS 更适合评估冲击严酷程度：

◇ PVSRS 比传统的 AASRS 更能区分不同类型冲击环境下部件的临界损伤。

◇ PVSRS 的 4CP 图包括了关于冲击严酷程度的更全面的信息，因为从 4CP 图上可以方便地显示等 AASRS 和等 RDSRS 线。

◇ 基于传统 AASRS 的冲击强度可以转换为基于 APVSRS 的冲击强度，这与冲击强度几乎没有差别。

3.6.3　经典冲击加速度脉冲的 4CP PVSRS

在不去均值的情况下，采用 Smallwood 冲击响应谱数值计算方法，同样对峰值为 1000m/s²、脉宽为 1ms 的半正弦、钟形、梯形、三角形、后峰锯齿、前峰锯齿和矩形等 7 种理想冲击加速度进行了计算，得到的最大正 PVSRS 如图 3.25 所示。

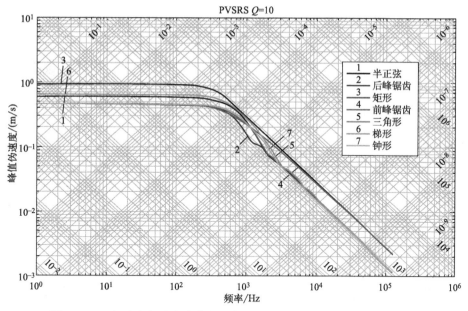

图 3.25 理想冲击加速度脉冲的最大正 PVSRS 比较（加速度未去均值）

因为计算时阻尼不为零（$Q=10$），伪速度渐近线均比理论速度变化量略小，伪速度值最大值（水平渐近线）略小于冲击过程的理论速度变化量。同样伪加速度最大值（右下倾斜 $45°$ 渐近线）比冲击脉冲的峰值加速度略小，当然这不包括矩形冲击和前峰锯齿冲击。

但注意到，最大正 PVSRS 的低频段，没有相对位移渐近线（左下倾斜 $45°$ 渐近线）。这意味着被试件在冲击过程中的绝对位移是无限增大的，这与实际情况是不相符的。同时，在实际工程中，低频段的伪速度（近似为冲击过程的速度变化量）不可能始终保持在最大值。这是因为频率降低，单自由度系统的振动位移可以增大，但振动速度必定降低。

为考查去均值对 SRS 终值的影响，同样以跌落产生的峰值为 $1000\mathrm{m/s^2}$、脉宽为 1ms 的理想半正弦冲击脉冲为例，图 3.26、图 3.27 所示分别是 AASRS 和 PVSRS 的比较。

由图 3.26 可知，去均值对于 AASRS 的放大区和等冲区没有任何影响，只是低频段谱线斜率增大。由图 3.27 则可知，去均值对于 PVSRS 的中、高频区也无影响，但对于中低频区影响较大。去均值后，PVSRS 低频段出现了最大相对位移渐近线，最大伪速度响应轻微降低，且从最大相对位移度响应到最大伪速度响应中出现了伪速度振荡的情况。

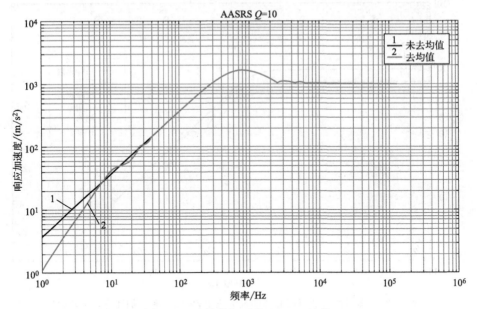

图 3.26　去均值与否的 AASRS 比较

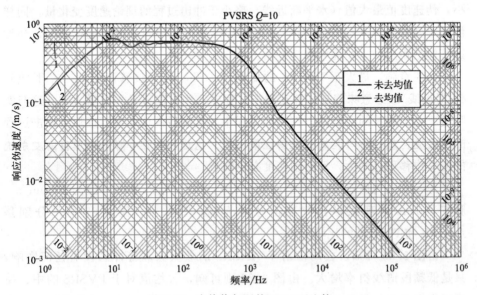

图 3.27　去均值与否的 PVSRS 比较

现在考虑实际冲击情况。以常用的跌落冲击试验为例。被试件安装于试验机工作台之上，工作台提升至试验高度后自由跌落，工作台撞击波形整形器后停止，在工作台上产生冲击加速度脉冲。在这个冲击过程中，工作台在冲击前后的速度均为零，这意味着冲击过程中的加速度均值应为零。所以，在进行 PVSRS 分析时，冲击加速度信号一定要去除均值。

图 3.28 所示是跌落产生的半正弦理想冲击加速度脉冲及速度、位移曲线，峰值为 1000m/s^2、脉宽为 1ms。因此，理论上跌落高度为 21mm，速度变化量为 0.6366m/s，这些值在图 3.28 中均可读出。

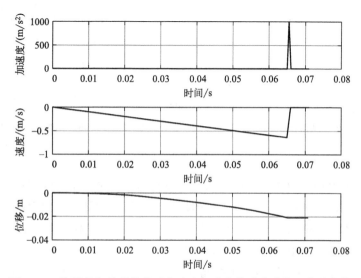

图 3.28　跌落产生的理想半正弦冲击加速度脉冲及速度、位移曲线

图 3.29 是图 3.28 所示冲击加速度信号去均值后所计算的最大正和最大负（负值取绝对值便于缩小图幅）PVSRS。因为加速度信号去均值及阻尼不为零的原因，图中直接读出最大伪速度为 0.5717m/s，小于理论值约 10%。根据式(3.56) 及图 3.29 中最大加速度渐近线和最大位移渐近线标签值，可算出伪加速度最大值约为 985m/s^2，最大相对位移约为 19.2mm，均比理论值略小。

可以明显地看出，4CP PVSRS 图可近似得到冲击峰值加速度、最大伪速度（速度变化量）及最大绝对位移等重要关键信息，对评价被试件危险程度提供了更多的参数，给实际应用带来极大的方便。

事实上，常用的理想冲击加速度脉冲具有相似的 PVSRS。

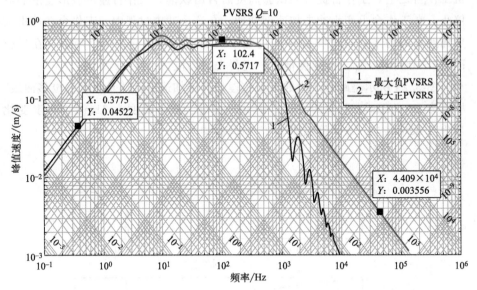

图 3.29　跌落产生的半正弦理想冲击加速度脉冲的 PVSRS（加速度去均值）

　　除去矩形冲击加速度脉冲，用右倾三角形、左倾三角形分别代替后峰锯齿和前峰锯齿冲击脉冲后，几种常见的理想冲击加速度脉冲（假设基于跌落冲击试验台产生，峰值为 $1000m/s^2$、脉宽为 $1ms$，冲击过程工作台面的初速度和末速度均为零）的 PVSRS 比较如图 3.30 所示。

　　理论上，三角形、右倾三角形（后沿 0.15τ）、左倾三角形（前沿 0.15τ）、钟形（前后前均为 0.25τ）脉冲的速度变化量相同，为 $0.5m/s$，需要的跌落高度为 $13mm$，半正弦对应的速度变化量为 $0.6366m/s$，跌落高度为 $21mm$，梯形脉冲最大，速度变化量为 $0.75m/s$，跌落高度为 $29mm$。这些值均用于可从图 3.30 中的伪速度渐近线和相对位移渐近线得知。

3.6.4　4CP PVSRS 与被试件损伤机理

　　如图 3.31 所示，同样以跌落产生的峰值为 $1000m/s^2$、脉宽为 $1ms$ 的半正弦理想冲击加速度脉冲为例，根据 PVSRS 相对位移渐近线、伪速度渐近线、伪加速度渐近线和曲线的特点，将 PVSRS 曲线分成了 6 个频率区间，从低频到高频分别为最大位移（恒位移）区、最大位移至最大速度过渡区、速度振荡

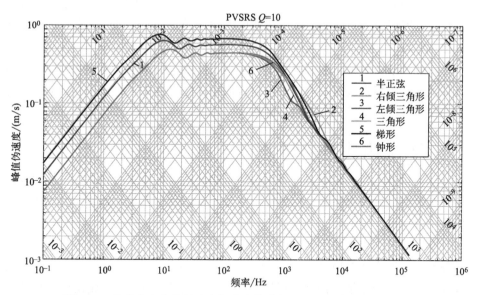

图 3.30　跌落产生的常见冲击加速度脉冲的 PVSRS（加速度去均值）

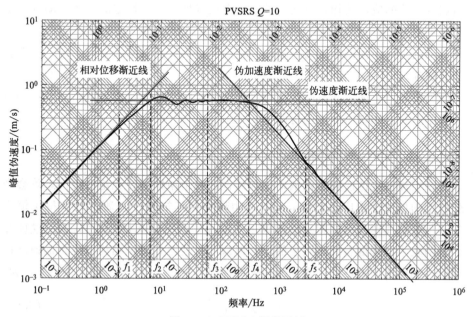

图 3.31　PVSRS 频率区间

区、恒速度区、加速度放大区和恒加速度区。其间有 5 个频率区分点，从低频到高频分别记作 f_1、f_2、f_3、f_4、f_5。注意到，恒速度区、加速度放大区和恒加速度区与 AASRS 曲线的缓冲区（频率范围可以更低）、放大区和等冲区相对应。

若被试结构系统某阶模态频率为 f_n，显然，f_n 处在不同的频率区间时，其失效形式和损伤机理是不同的，但目前还未能形成统一的理论。以下部分讨论仅作为从事本领域研究者的一种参考。

（1）$f_n < f_1$ 时的损伤机理

在恒位移区频率范围内，被试结构系统的响应加速度均较小，可认为被试结构系统对加速度不敏感，但响应位移恒定且达到最大值，记作 $z_\perp$，所以对位移十分敏感。

有专家认为，在该频率范围内，可将被试件等效成一个大质量块被小刚度的弹簧支撑所组成的质量-弹簧系统，被试件受到最大力为 $F_{max} = kz_\perp$，然后计算最大应力判断被试件是否损坏。笔者认为这是不符合实际情况的。即使该理论成立，但是冲击过程中的 $z_\perp$ 是一个较小值，而又将系统等效成了小刚度弹簧支撑的，所以 F_{max} 必定很小，不会造成任何损伤。

事实上，在该频率范围内，被试件在冲击激励下，无论哪阶模态均会产生恒定的位移响应，其物理意义是被试件在测点处产生了恒定的整体移动（略小于测点绝对位移），只是模态频率越低，响应速度越小。该整体位移将引起何种形式的失效或损伤，则需要根据其他约束条件或已知结构参数，进行综合分析方能确定。

如测点与基座之间有间隙，则可根据测点响应最大位移值判断测点在冲击过程中是否有和基座碰撞的可能。

（2）$f_n > f_5$ 时的损伤机理

在恒加速度区的频率范围内，被试件在冲击激励下，无论哪阶模态均会产生恒定的加速度响应，记作 $a_\perp$，其物理意义是被试件在测点处获得了恒定的、与激励加速度幅值相当的加速度（略小于激励加速度幅值），响应速度和位移均较小，并随着模态频率的增大而减小。此时，被试结构系统对加速度最敏感，测点在冲击过程中受到的最大惯性力为 $F_{max} = ma_\perp$，所以最大应力为：

$$\sigma_m = \frac{ma_\perp}{A_{min}} \tag{3.58}$$

式中，A_{min} 为被试结构系统垂直于所受冲击激励方向的最小受力面积。

根据材料的许用应力，即可判断被试结构系统是否因为受到冲击而失效。

（3）　$f_3 < f_n < f_4$ 时的损伤机理

在恒速度区频率范围内，被试件在冲击激励下，无论哪阶模态均会产生恒定的速度响应，记作 $v_\perp$，其物理意义是被试件在测点处获得了恒定的伪速度（略小于测点绝对速度）。Hunt 建立了结构在冲击激励下的最大压缩应力与其模态速度之间的一般关系为：

$$\sigma_m = k\rho c v_m \tag{3.59}$$

式中　k——与几何尺寸有关的常数，取值 $1\sim3$；

ρ——材料的密度；

v_m——结构响应的最大模态速度；

c——应力波在结构中的传播速度。其计算公式为

$$c = \sqrt{\frac{E}{\rho}} \tag{3.60}$$

式中，E 是材料的弹性模量。

依据式(3.59)并根据材料的许用应力，即可判断被试结构系统是否因为受到冲击而失效。

（4）　$f_1 < f_n < f_3$ 时的损伤机理

在这个频率范围内，尤其是在 f_2 左右，伪速度和相对位移均较大，被试件失效的原因可能是相对位移过大，但也有可能是伪速度过大导致的应力超过许用应力极限，或者两者都有。

（5）　$f_4 < f_n < f_5$ 时的损伤机理

在这个频率范围内，尤其是在 f_4 至响应伪加速度达到最大值之间的频率段，被试件失效的原因也可能不是单一的，一方面可能是伪速度过大导致的应力超过许用应力极限；另一方面可能是伪加速度过大，使得惯性力产生的应力超过了许用应力极限，或者两者都有。

3.6.5　冲击加速度脉冲峰值与脉宽对 4CP PVSRS 的影响

图 3.32、图 3.33 所示分别是不同峰值、不同脉宽的半正弦冲击加速度脉冲 PVSRS 比较。

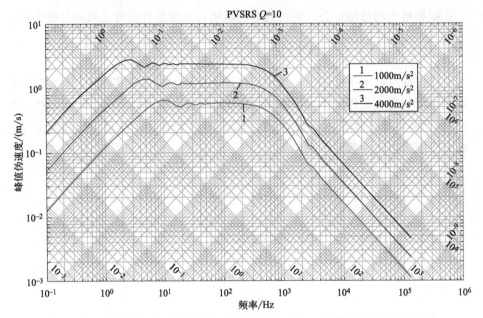

图 3.32　不同峰值半正弦冲击加速度脉冲的 PVSRS 比较（加速度去均值）

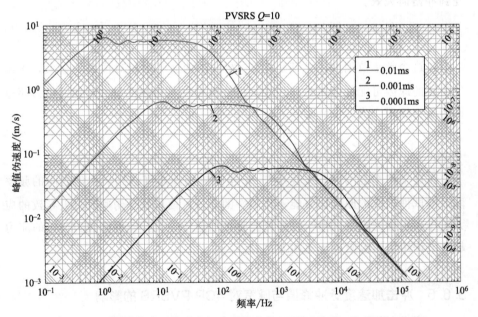

图 3.33　不同脉宽半正弦冲击加速度脉冲的 PVSRS 比较（加速度去均值）

由图 3.32 可知，从三条渐近线而言，结论是显然的：脉宽不变时，冲击过程的位移、速度随激励加速度幅值线性变化，与 AASRS 类似；同时，激励加速度幅值的改变虽然不影响 PVSRS 高频段频率点 f_4、f_5 的位置，但会影响中低频段频率点 f_1、f_2、f_3 的位置，激励加速度幅值增加，此三个频率点向低频段延伸，即被试件危险带宽将会增加。

由图 3.33 可知，冲击激励加速度峰值不变时，脉宽越窄，伪速度渐近线所处的频率范围向高频段移动，这一点与 AASRS 类似。但 PVSRS 低频段拐点也会向高频方向移动，且被试件的危险频带宽度将随着冲击激励加速度脉宽的变窄而变宽。

3.6.6　阻尼对 4CP PVSRS 的影响

如图 3.34 所示是峰值为 $1000 \mathrm{m/s^2}$、脉宽为 1ms 的半正弦理想冲击加速度脉冲在不同阻尼时的 PVSRS。

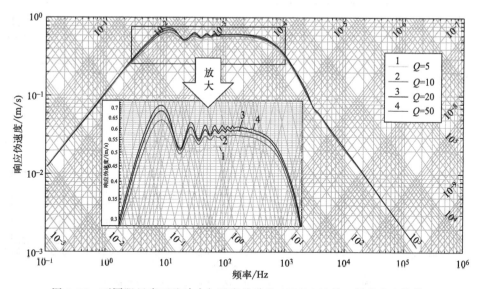

图 3.34　不同阻尼半正弦冲击加速度脉冲的 PVSRS 比较（加速度去均值）

由图 3.34 可知，阻尼对被试件在冲击测试中的中频段响应伪速度产生了显著的影响。这一观察结果揭示了阻尼在振动系统动态行为中的重要性，特别是在中频段，它对于系统的能量耗散和响应特性起着至关重要的作用。

在实际应用中，阻尼比的选择直接关系到系统的稳定性和性能。过高的阻尼可能会导致系统响应过于迟缓，降低系统的动态响应速度和灵敏度；而过低的阻尼则可能使系统产生过大的振动，影响系统的稳定性和使用寿命。因此，计算时，必须根据实际应用场景和性能要求，仔细选择合适的阻尼比。

3.6.7　实测高加速度信号的 PVSRS

图 3.35 为某次高加速度冲击试验中测得的近似半正弦加速度信号及其对应的速度、位移曲线。当然，加速度信号均按照上述要求进行了预处理，以使得速度和位移曲线能够从冲击开始自零位开始变化并在冲击结束时又回到零位。

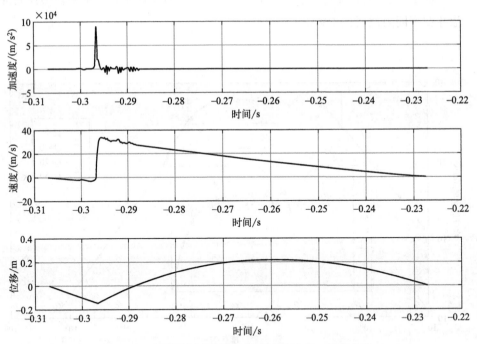

图 3.35　实测高加速度冲击信号及其速度、位移曲线

图 3.36 所示为加速度信号的 4CP PVSRS 图。从图 3.36 可以看出，此次实测的 PVSRS 曲线和理论半正弦加速度脉冲的 PVSRS 曲线十分接近，都具有明显的低频、中频及高频渐近线，且高频、低频渐近线的斜率都是一致的，

PVSRS 曲线在中频段的平坦区域亦是非常明显的，最大伪速度和加速度值和时域曲线所展示的情况也呈现出高度一致性，说明此次试验获得的半正弦高加速度冲击过载环境和理想半正弦冲击环境十分相似。

但值得注意的是，由于阻尼的原因，且该试验是通过多物体碰撞后反弹形成对碰的原理（详见第 5 章）实现高加速度冲击环境的，因此，实测加速度信号的 4CP PVSRS 曲线低频渐近线所代表的相对位移量和时域位移曲线的位移量有较大出入。

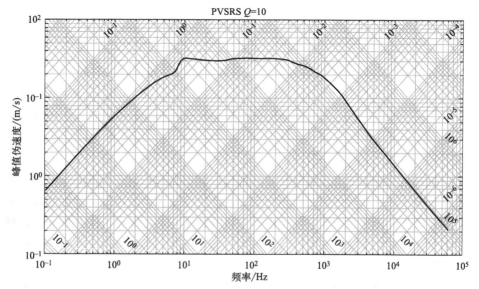

图 3.36　实测高加速度冲击信号的 PVSRS（加速度去均值）

第 4 章

高加速度冲击试验规范

高加速度冲击的持续时间极短，其过程涉及快速的能量释放、传递与转换，通常出现在弹性体的高速碰撞和火工品爆炸等场景中。任何器件或系统一旦置于这种冲击环境之下，都面临着损伤或失效的风险。因此，为确保应用于高加速度冲击环境的元器件或系统能够维持结构的完整性和功能性能的有效性，必须经过一系列严格的冲击试验。

然而，实际的冲击过程具有非周期性、波形复杂的特点，难以用精确的函数进行描述，且其持续时间也不确定，这使得任何实测的冲击信号都难以完全复现或重复。此外，真实高加速度冲击试验的实施难度极大，准备周期长，费用高昂，且存在较高的危险性，这不利于满足元器件及系统在研制开发过程中所需的试验性、验证性和考核性等多种试验需求。

因此，实验室模拟成为了不可或缺的技术手段。但为了确保试验的一致性和有效性，我们必须采取一系列措施和规范，确保在实验室模拟的高加速度冲击环境下考核通过的被试件，也能经受住真实冲击的考验。为此，制定完善的冲击试验规范显得尤为关键。

4.1　标称冲击加速度脉冲与试验规范

按照标称冲击加速度脉冲进行试验是最早出现的冲击试验规范，其实质是规定一种冲击运动，也是冲击响应谱未知时最适合的冲击试验基本依据。所谓标称冲击加速度脉冲，是指规定脉冲波形、峰值、脉宽及特点容差范围（即冲击加速度脉冲与理想冲击加速度脉冲之差）的理想加速度脉冲信号，通常以理想冲击加速度的名字来描述实测冲击脉冲。

诸多标准规定了基于标称冲击加速度脉冲的试验方法，常见的有半正弦、后峰锯齿及梯形冲击加速度脉冲三种。并根据应用场合的不同规定相应的容差范围，以利于高加速度冲击过载环境的实际试验。

4.1.1　GB/T 2423.5—2019、 IEC 60068-2-27： 2008 标称冲击脉冲

GB/T 2423.5—2019 和 IEC 60068-2-27：2008[44] 规定了标称半正弦、后峰锯齿、梯形脉冲及其容差范围。如图 4.1 所示为标称半正弦脉冲及容差范围。

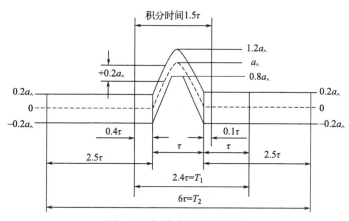

图 4.1　标称半正弦及容差

图 4.1 中虚线为标称线，实线为容差范围线；T_1 表示用常规冲击机产生冲击时，检测脉冲的最短时间，T_2 表示用电动振动台产生冲击时，检测脉冲的最短时间。

半正弦冲击加速度脉冲适用于模拟线性系统的冲击或线性系统的减速所引起的冲击过载，如弹性结构的冲击过载、封装产品承受的冲击等，这种过载加速度波形在冲击试验中最为常用。

如图 4.2 所示后峰锯齿加速度脉冲是具有短的下降时间的不对称三角形，其与半正弦和梯形脉冲相比更具有均匀的响应谱。

图 4.2 中虚线、实线、T_1、T_2 的意义与图 4.1 相同。

如图 4.3 所示梯形加速度脉冲是具有短的上升和下降时间的对称四边形。梯形脉冲能在较宽的频谱上比半正弦脉冲产生更高的响应。如果试验的目的是

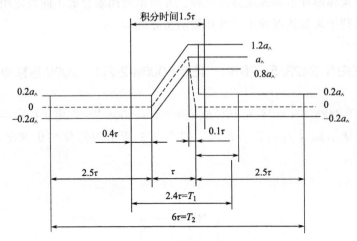

图 4.2 标称后峰锯齿脉冲及容差

模拟诸如空间探测器或卫星发射阶段爆炸螺栓所引起的冲击过载，常用该冲击波形。

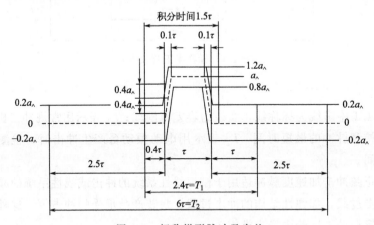

图 4.3 标称梯形脉冲及容差

图 4.3 中虚线、实线、T_1、T_2 的意义与图 4.1 中相同。

4.1.2　GJB 150.18A—2009 标称冲击脉冲

GJB 150.18A—2009[3] 同样规定了标称后峰锯齿、梯形脉冲及其容差范围。如图 4.4、图 4.5 分别是标称后峰锯齿和梯形脉冲波形及容差范围。

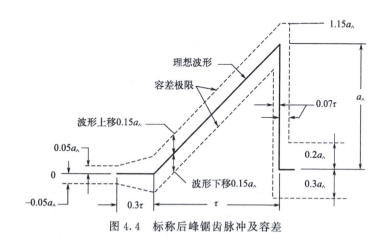

图 4.4　标称后峰锯齿脉冲及容差

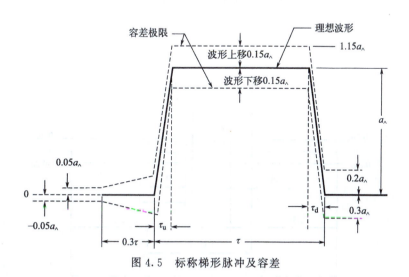

图 4.5　标称梯形脉冲及容差

4.1.3 GJB 360B—2009 的标称冲击加速度脉冲及容差

GJB 360B—2009[45] 针对电子电气元件冲击试验也规定了标称半正弦和后峰锯齿脉冲及其容差范围。如图 4.6 和图 4.7 分别是标称半正弦、后峰锯齿脉冲波形及容差范围。

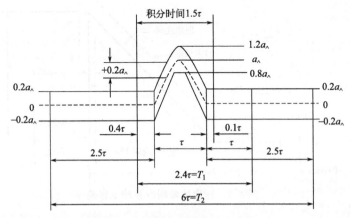

图 4.6　标称半正弦脉冲及容差

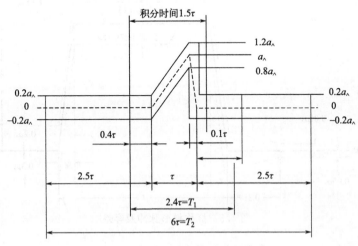

图 4.7　标称后峰锯齿脉冲及容差

这与 GB/T 2423.5—2019 和 IEC 60068-2-27：2008 规定的标称半正弦、后峰锯齿是一致的。

4.1.4　波形参数及严酷等级的选择

不同的标准对不同严酷等级的冲击试验都做了波形参数的规定，保证试验过程能够提供一种确定被试件承受规定严酷等级冲击能力和经受规定的峰值加速度、脉宽及速度变化量的标称脉冲的重复冲击的标准方法。

现将各种标准常用的波形参数、严酷等级列入表 4.1 中，以供读者参考使用[27,44]。注意到，超过 10000g 值的冲击加速度脉冲均只有半正弦波形，这是因为在更高加速度水平试验中，半正弦冲击波形最易于产生。

表 4.1　常用高加速度冲击波形参数及严酷等级

峰值加速度 a_Λ (g)	脉宽 τ /ms	速度变化量 Δv/(m/s)			所属标准
		半正弦	后峰锯齿	梯形	
100	2.00	1.30	1.0	1.80	GB/T 2423.5—2019
100	6.00	3.75	2.96	—	GJB 360B—2009
		3.80	3.00	5.40	GB/T 2423.5—2019
100	11.00	7.00	5.50	9.90	GB/T 2423.5—2019
200	3.00	3.80	3.00	5.40	GB/T 2423.5—2019
200	6.00	7.60	6.00	10.80	GB/T 2423.5—2019
500	1.00	3.11	2.50	4.50	GJB 360B—2009
		3.20			GB/T 2423.5—2019
		3.18	—		GJB 548—2005
1000	0.50	3.11			GJB 360B—2009
1000	1.00	6.40	5.00	9.00	GB/T 2423.5—2019
1500	0.50	4.69	—	—	GJB 360B—2009
		4.80	3.80	6.80	GB/T 2423.5—2019
		4.68			GJB 548—2005
3000	0.20	3.80	3.00	5.40	GB/T 2423.5—2019
3000	0.30	5.70	4.50	8.10	GB/T 2423.5—2019
5000	0.30	9.50	7.50	13.50	GB/T 2423.5—2019
		9.36	—	—	GJB 548—2005

峰值加速度 a_Δ (g)	脉宽 τ /ms	速度变化量 Δv/(m/s)			所属标准
		半正弦	后峰锯齿	梯形	
10000	0.20	12.70 12.48	10.00 —	18.00 —	GB/T 2423.5—2019 GJB 548—2005
20000	0.20	24.96			GJB 548—2005
30000	0.12	22.46			GJB 548—2005

在一般情况下，认为峰值加速度的大小能够直观地反映出被试件在冲击过程中受到的冲击力大小，即冲击峰值加速度愈大，对被试件的破坏作用愈大。选择不同的脉冲波形进行试验时，从 AASRS 曲线可知，在 $0.2 \sim 0.4 < f\tau < 2 \sim 10$ 放大区内，出现最大响应加速度的频率点不同，且放大倍数亦不同。

一般来说，$100g$ 以下的等级主要用于运输和操作所经受到的冲击；对剧烈的搬运、导弹级间的点火爆炸激励所引起的冲击，通常采用 $100g \sim 200g$ 的等级；对集成电路或微电子器件的结构完好性试验，通常用 $500g$、$3000g$ 甚至更高等级。

说明一点，这种规定冲击脉冲波形参数的试验方法已在许多系统上成功应用，试验过程简单且灵活，但并不意味着这种方法不如其他方法。相反，应根据被试件的必要严酷程度来选择试验规范。

4.2 等效损伤原则

实验室模拟高加速度冲击环境对被试件进行试验的核心目的在于评估其抗冲击性能。这一评估通常基于被试件在冲击过程中可能出现的各种失效或故障形式。这些失效或故障形式构成了冲击试验的关键挑战。

被试件在高加速度冲击后可能出现的失效或故障，主要涵盖两方面：一是与强度相关的结构完好性，二是与性能相关的功能稳定性。前者主要因冲击产生的变形导致应力超出材料的极限，进而产生裂纹、断裂等失效；后者则涉及冲击造成的内部机械连接松动、单元位置变化、电气接触不良等故障，最终导致被试件性能指标下降甚至不达标，无法实现预期功能。

不论是结构完好性还是功能稳定性方面的问题，其背后都与被试件在高加速度冲击下的最大响应紧密相关。因此，冲击试验的等效关系可以基于冲击响应谱来确立，并通过确保最大响应相等来实现。简而言之，当被试件在冲击激励下的最大响应值（可能是位移、速度或加速度）相同时，其可能出现的失效或故障形式也将趋于一致。

　　所以，在实验室模拟高加速度冲击环境进行抗冲击测试时，必须确保模拟环境对被试件造成的失效或故障与真实冲击环境所造成的影响相当。这遵循了冲击试验中的等效损伤原则。自冲击响应谱问世以来，高加速度冲击试验的规范或标准均是在这一原则的基础上制定并不断完善的。

4.3　基于 SRS 的试验规范

　　随着 SRS 概念的提出和计算方法的完善，目前，SRS 作为试验规范和比较多种冲击严酷度的工具，已被广泛地用于产品的耐冲击设计与冲击环境模拟试验。目前，绝对加速度 SRS 是航空航天工程中的一种主要方法，几乎所有冲击试验规范和数据采集都采用了相关标准中规定的响应谱形式。因此，国际电工委员会（IEC）、国际标准化组织（ISO）所属的技术委员会，以及我国的国家标准，都已经把冲击响应谱试验方法作为规定冲击环境的方法之一，即用 SRS 作为模拟冲击环境标准。若产品在规定时间历程内在冲击模拟装置产生的冲击激励作用下产生的 SRS 与实际冲击环境的 SRS 相当的话，就可以认为该产品经受了冲击环境考核，它在确定产品结构的强度方面十分有效。

　　基于 SRS 试验规范的制定，一般按如下步骤进行：

　　◇ 研究确定被试件使用环境，确定测点（通常是多个测点）测得真实冲击信号（通常为加速度），计算冲击响应谱；

　　◇ 绘制冲击响应谱的包络线；

　　◇ 找出与包络线接近的理想冲击脉冲，选择适当的试验设备进行冲击试验；值得注意的是，由于选择理想脉冲的不同，可能导致某些频带的过试验或者欠试验。

　　冲击谱试验规范如图 4.8 所示，规范中常用对数坐标，主要有频率范围低频段 $f_1 \sim f_2$、高频段 $f_2 \sim f_3$，拐点频率 f_2，低频部分的上升斜率 β，高频部分的最大响应加速度 $A_{\max}$，以及容差带 Φ。

　　在国军标中规定：低频部分的上升斜率 β 通常取 $6 \sim 12\text{dB/oct}$。频率在 $1000\text{Hz} \sim 10\text{kHz}$ 的整个频带上至少 90% 的范围，容差带应在 $-3 \sim +6\text{dB}$ 范围内。对于剩余的 10% 频带，所有 SRS 容差应在 $-6 \sim +9\text{dB}$ 范围内。应保证至少 50% 的 SRS 的幅值超过规定的试验值。而在国内实际工程试验中 SRS 容差通常在 $-6 \sim +6\text{dB}$ 范围内。

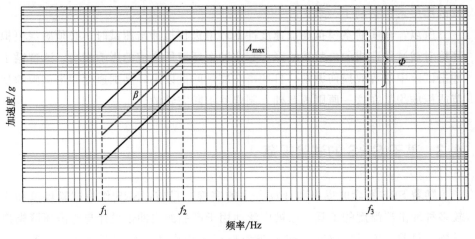

图 4.8　SRS 试验规范示意图

4.4　冲击试验规范制定的注意事项

4.4.1　鉴定试验与验收试验

鉴定试验往往在远高于被试件实际使用环境的冲击 g 值水平上进行。被试件在鉴定试验中大多数都能幸存下来，但剩余寿命尚不确定。因此，鉴定试验通常在原型被试件上进行，如果可能的话，这些被试件在没有特殊处理之前是不会投入使用的。

鉴定试验的 g 值水平除了应比被试件实际使用环境更高外，一般还将进行多次冲击试验。国内标准及国外标准如 MIL-HDBK-340，都规定了三个轴向的两个方向上至少进行三次冲击试验，以对经历每个冲击事件的零部件、系统和子系统进行鉴定，最多可以达到 18 次冲击试验。关于火工品爆炸的高加速度冲击，国内标准及国外标准如 NASA-STD-7003A[46] 试验规范则规定每个轴向进行两次冲击，并且不要求每个轴向在两个方向上进行冲击，因为冲击环境均以最大冲击响应谱为依据，而最大响应谱对方向并不敏感。

我们知道，将部件暴露在三次冲击下与将部件暴露在一次幅值为三倍的冲击下是不同的。多次冲击的原因不是为了增加冲击环境的严酷等级，而是为了暴露第一次冲击造成的潜在损害。如果一个被试件在三次冲击后没有损坏，那么我们可以相当肯定它在实际使用的冲击环境中将不会损坏。

另一种则是验收试验。验收试验的目的是识别特定零件或组件中的工艺缺陷。基于这一目标，定制冲击过载环境的灵活性通常较低。试验时，所选取的严酷等级必须能够揭示被试件的缺陷，但不至于导致潜在损伤，从而导致被试件过早失效。验收试验通常每个轴向只进行一次冲击试验。

4.4.2　多次、多方向试验问题

许多试验规范要求在同一被试件上进行多个正交轴向冲击试验，通常为x、y 和 z 轴。许多专家认为被试件在反复的冲击暴露下被过度试验。为避免这种情况的发生，可以采取的措施包括设计具有足够强度的被试件，以通过完整的三轴向测试。也可以从本质上忽略过试验问题，但这样做通常会导致相同的设计结果。

进行多轴向冲击试验的原因是疲劳损伤通常会在大量应力循环中不断扩展。但只要材料不存在非弹性行为，对被试件进行三次冲击试验基本上与从疲劳角度对零件进行一次冲击试验相同。如果材料响应是线性的，则在多次冲击试验中，根本没有足够的正负应力循环，无法从疲劳角度明显分辨出试验结果的任何差异。

相反，如果允许材料发生屈服，或者已经发生了屈服，那么结果可能会大不相同。材料屈服会导致被试件或其内部零件产生永久变形。因此，随后在另一个轴向上进行冲击试验时，已经产生屈服的被试件运动起点与预期起点不同，其产生的位移也会有相应的不同。类似地，如果在随后的冲击试验中发生屈服，正如预期的那样，最终的位移将再次扩大。此外，屈服和裂纹可在高应力环境中迅速扩展，这意味着，如果冲击试验结果允许出现轻微损伤，则仅在几次冲击试验中就会发生失效。因此，如果允许某种程度的损坏，则不建议对同一被试件进行重复多次冲击试验。

最后一种方法是了解在多轴向上测试同一被试件可能产生的后果。由于冲击试验所产生的应力差异，在多个轴向上对同一被试件进行冲击试验通常不会造成特别的损坏。基于这个原因，如果在被试件设计时保证其在冲击载荷下不屈服，则通常不需要对其在正交轴上进行同一的冲击试验。

4.4.3　关于加速冲击试验问题

为了节省试验时间，有时需要进行加速试验，以缩短试验周期，降低研发成本。一种观点认为，加速试验对于低数量的冲击并不重要。因为如果一个被试件在第一次冲击时没有屈服，那么相同水平的额外两到三次冲击不会累积任何显著的疲劳损伤水平，因此一次或几次冲击会产生相同的结果。这种逻辑只应在冲击次数非常少的情况下应用，可能是 10 次或更少。

第二种观点是采用与加速寿命正弦振动试验相同的加速试验方法。这些公式是基于 Miner 法则和一个事实，即失效是基于给定幅值下的应力正负变化次数。如果应力幅值增加，则失效循环次数将减少。但应注意的是，加速试验仅适用于一个方向。

同时应注意，加速试验规范不应使应力增加超过两倍。因为试验的目标是减少试验时间，同时保持相同的失效机理。如果零件应力增加，导致故障从高周疲劳模式过渡到低周疲劳模式，则结果可能不具有代表性。更糟糕的是，有可能从疲劳失效模式过渡到屈服失效模式。因此，加速试验时应特别小心，以确保不会将非代表性故障模式引入被试件。

4.5 高加速度冲击试验设备

高 g 冲击试验规范与试验设备密切相关。是否方便实现高加速度冲击试验环境的激励往往成为试验最重要的技术环节之一。根据被试件质量、体积、实验目的、g 值水平等要求的不同，需选用适当的试验设备和技术完成测试。以下对常用的高加速度冲击激励技术和设备进行简要介绍。

4.5.1 跌落冲击

跌落冲击[47-48] 是最早出现的高加速度冲击试验技术之一，因其简单、易于实现而被广泛应用。如图 4.9 所示为自由跌落和液压驱动跌落冲击试验台。

将被测件安装至工作台面或直接提到预定高度后释放，被试件将以一定的速度撞击其正下方的砧座，从而产生高加速度冲击环境，可以是自由落体，也可以用压缩弹簧、液压、气压等储能单元使被试件获得更大的冲击速度，从而产生更高加速度水平的冲击环境，也可以用二次冲击放大装置，进一步提高加速度 g 值水平。自由落体跌落试验台对被试件的结构、尺寸、质量没有太多的限制。这种试验技术适应性比较广，但被试件质量大时，冲击 g 值水平不会很高。

苏州东菱振动试验仪器有限公司研制的型号为 SY13-1A 的高加速度冲击试验台便属于这一类，其最大负载 80g、最高冲击加速度 50000g、冲击波形

(a) 12m自由跌落试验台　　　　　　　(b) 液压冲击试验台

图 4.9　垂直跌落冲击试验装置

为半正弦、脉冲持续时间为 0.05~0.5ms，其具有一级速度放大装置。

北京航天希尔测试技术有限公司研制的 BAIS 系列高加速度冲击试验台，采用复合冲击响应技术，可准确地实现"正冲击"，并有效地吸收冲击的高频谐波，冲击台面上可产生 100000g 以上响应的冲击波形，接近于半正弦波。通过更换不同的挂锤臂及冲击响应台面，形成设备系列，使用范围大。其主要技术指标如表 4.2 所示。

表 4.2　**BAIS 系列高加速度冲击试验台技术指标**

参数		BAIS10	BAIS5	BAIS3	BAIS1
一号挂锤	台面直径/mm	44			
	最大实验负载/kg	0.15			
	峰值冲击加速度/g	50000~100000			
	冲击脉冲持续时间/ms	0.07~0.15			
二号挂锤	台面直径/mm	60	60		
	最大实验负载/kg	0.25	0.25		
	峰值冲击加速度/g	30000~50000	30000~50000		
	冲击脉冲持续时间/ms	0.12~0.2	0.12~0.2		

续表

参数		BAIS10	BAIS5	BAIS3	BAIS1
三号挂锤	台面直径/mm		80	80	
	最大实验负载/kg		0.5	0.5	
	峰值冲击加速度/g		20000~30000	20000~30000	
	冲击脉冲持续时间/ms		0.15~0.25	0.15~0.25	
四号挂锤	台面直径/mm			100	100
	最大实验负载/kg			1	1
	峰值冲击加速度/g			15000~25000	15000~25000
	冲击脉冲持续时间/ms			0.18~0.28	0.18~0.28
五号挂锤	台面直径/mm				120
	最大实验负载/kg				2
	峰值冲击加速度/g				8000~12000
	冲击脉冲持续时间/ms				0.2~0.35

在国外，罗斯蒙特公司、L. A. B 设备公司、M/RAD 公司等研制开发了一系列的高 g 冲击实验设备，以冲击加速度量程、实验负载等不同形成了系列高 g 冲击试验台。在常规冲击试验台基础上，利用冲击碰撞速度放大原理，出现了各种冲击速度放大装置，将其加装在常规冲击试验台上实现对冲击速度的放大，从而实现更高加速度的冲击环境。如图 4.10 所示是 M/RAD 公司开发的 Mousetrap Amplifier，有 0909-MTA 和 0404-MTA 两个型号，冲击加速度最高达 30000g，冲击脉冲宽度为 0.12~0.3ms。

图 4.10 M/RAD 公司的 Mousetrap Amplifier

图 4.11 则是 L. A. B 设备公司生产的系列 Mass Shock Amplifier，可产生更高的冲击加速度模拟环境。型号为 MSA-89×89 的冲击放大器可产生高达 100000g 的冲击环境，最大实验载荷为 2kg，加速度脉冲宽度为 0.05～1ms。

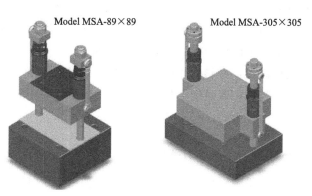

图 4.11 L. A. B 设备公司 Mass Shock Amplifier

4.5.2 摆锤冲击

摆锤冲击即所谓的"马歇特"锤击试验技术[49-51]。利用一可绕固定轴转动的转臂，转臂一端设计有锤头，锤头一端用于与冲击砧碰撞，另一端则用于安装被测件。非工作时，转臂自然下垂，停留在铅垂位置。工作时，旋转臂转至一定高度后释放，靠重力加速锤头与冲击砧碰撞或者锤头直接撞击安装有被测件的物体，冲击碰撞的瞬间产生高加速度冲击加速度。

试验负载最大超过 10kg，最大冲击加速度可达 50000g，但一般不超过 40000g，冲击加速度脉冲宽度为 100ms 左右。其应力波的形式比较复杂。该装置结构简单紧凑、操作方便、价格便宜，并具有一定的模拟性和重复性等优点，因此在国内外被广泛使用。但冲击产生的加速度分布空间大，同样的试验测得的冲击加速度差异很大。

4.5.3 Hopkinson 压杆冲击

（1）一维应力波分析的基本假设

一维弹性杆假设：该假设认为杆的横截面上只承受纵向应力并均匀分布在

横截面上，同时认为应力波传播过程中，横截面始终为平面。这是一维应力波分析最基本的前提条件。实际应用中，只要杆的长细比达到 10 以上时，可以认为该杆为一维弹性杆。

忽略杆的横向运动：杆在纵向应力作用下，必然会发生横向变形，即任何横截面内的质点都会有横向运动速度；杆的长细比（杆长与直径之比）为 10 以上时，认为杆中的应力波波长是杆直径的十倍以上，所以横向运动速度很小且小到可以忽略不计，即认为杆的横截面保持不变。

应变率无关性假设：材料的屈服强度和应力应变曲线都与加载速度有关，加载速度越高，材料的屈服强度会越高；该假设认为杆中的应力应变与加载速度无关。

（2）基于一维应力波原理的高加速度冲击加速度脉冲激励原理

应力波作用下一维弹性杆中一个微元的受力如图 4.12 所示。

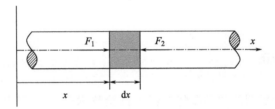

图 4.12　应力波作用下一维杆中微元受力图

图 4.12 中 F_1、F_2 表示应力波作用下一维弹性杆中任意微元 dx 两侧的受力。由一维弹性杆的基本假设，在任意时刻，杆中任意横截面上的位移 u、质点速度 v、质点应变 ε 及应力 σ 都只是坐标 x 和时间 t 的函数。以 dx 为研究对象，做以下分析。

其次是连续性方程。根据质量守恒定律，dx 在应力波作用前后的质量保持不变，所以有：

$$\rho A\,dx = \rho(1+\varepsilon)A\big[dx + u(x+dx,\,t) - u(x,\,t)\big] \tag{4.1}$$

式中　ρ——dx 变形前的密度；

　　　A——一维弹性杆的横截面积。

由连续函数的性质有：

$$\frac{\partial}{\partial t}\left(\frac{\partial u}{\partial x}\right) = \frac{\partial}{\partial x}\left(\frac{\partial u}{\partial t}\right)$$

即得连续方程为：

$$\frac{\partial \varepsilon}{\partial t} = \frac{\partial v}{\partial x} \qquad (4.2)$$

由胡克定理可得 F_1、F_2 分别为：

$$F_1 = A\sigma \qquad (4.3)$$

$$F_2 = A\left(\sigma + \frac{\partial \sigma}{\partial x}\mathrm{d}x\right) \qquad (4.4)$$

由图 4.12，对 $\mathrm{d}x$ 运用牛顿第二定律有：

$$F_2 - F_1 = A\rho\mathrm{d}x\frac{\mathrm{d}^2 u}{\mathrm{d}t^2}$$

即得动量守恒方程：

$$\frac{\partial \sigma}{\partial x} = \rho\frac{\mathrm{d}^2 u}{\mathrm{d}t^2} \qquad (4.5)$$

由材料的应变率无关性假设，即可根据胡克定理得：

$$\sigma = E\varepsilon \qquad (4.6)$$

式中，E 为一维弹性杆材料的杨氏弹性模量。

根据基本假设，有下式成立：

$$\frac{\partial \sigma}{\partial x} = \frac{\mathrm{d}\sigma}{\mathrm{d}\varepsilon} \times \frac{\partial \varepsilon}{\partial x} = \frac{\mathrm{d}\sigma}{\mathrm{d}\varepsilon} \times \frac{\partial^2 u}{\partial x^2}$$

将上式代入式(4.5) 整理得：

$$\frac{\partial^2 u}{\partial t^2} = c^2\frac{\partial^2 u}{\partial x^2} \qquad (4.7)$$

式中，c 为应力波波速。

式(4.7) 即为一维弹性杆应力波传递的标准波动方程。

基于上述理论，可得 Hopkinson 压杆产生高加速度冲击加速度脉冲激励的原理，如图 4.13 所示。

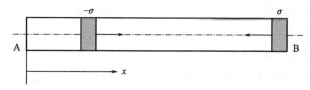

图 4.13　应力波在一维杆中的传递与自由端的反射示意图

如图 4.13 所示，当一根有限长度的一维弹性杆左端受到撞击后，在杆中以速度 c 向右传递一个压缩应力波 $-\sigma$（压应力通常取负号），应力波传到任意横截面时，该截面的应力骤增至 $-\sigma$。根据波的反射原理，当压缩应力波到达自由端 B 后，在 B 处截面反射成一个大小相等、方向相反的拉伸应力波，即此时 B 截面同时存在着一个压缩应力波和一个拉伸应力波。根据波的叠加原理，B 截面的应力为零，但该截面物质的速度为：

$$v_B = 2v \tag{4.8}$$

以任意横截面质点速度 v 为未知量，对式(4.7)进行求解有[52]：

$$v = c\varepsilon(x, t) \tag{4.9}$$

将式(4.9)代入式(4.8)并对时间求一阶导数得自由端 B 处的加速度公式为：

$$a_B = 2c \frac{\mathrm{d}\varepsilon(x, t)}{\mathrm{d}t} \tag{4.10}$$

所以，根据式(4.10)，只要通过超动态应变仪测得撞击时在一维弹性杆中产生的应变率，就可得到自由端 B 处截面的加速度值。以上就是 Hopkinson 压杆装置用于产生高加速度冲击加速度的基本原理，可以获得高达数十万个重力加速度的高加速度冲击环境。

（3） Hopkinson 压杆激励

基于一维应力波原理的 Hopkinson 高加速度冲击激励技术是轻小器件测试试验过程中常用的技术。

1914 年 B. Hopkinsont 首次提出的 Hopkinson 压杆技术主要用于测试压力脉冲的试验方法。1949 年 H. Kolsky 对该方法进行了改进，提出了分离式 Hopkinson 压杆（或 Kolsky 杆）技术。直到如今，该方法还广泛用于高应变率下材料力学性能的研究工作并处于不断的发展中。Hopkinson 压杆技术用于产生高加速度冲击环境由 G. Brown 于 20 世纪 60 年代首次提出，国内最早由李玉龙等首次用于加速度传感器的校准[53]。该技术正被广泛地应用于加速度传感器的测试与校准。用于加速度传感器试验的 Hopkinson 压杆装置系统框图如图 4.14 所示。

被试传感器质量可忽略，轴向尺寸也应远小于入射杆长度的十分之一，实际传感器很容易满足这一条件。使用时，加速度传感器固定于入射杆一端，另一端固定一波形整形器（铝制或铜质薄片等）。采用压缩空气枪射出一高速撞击杆，使其与波形整形器撞击，波形整形器产生一定的塑性变形，则在入射杆上产生一类似于半正弦函数的应变脉冲，当应变脉冲的波长远大于入射杆的直

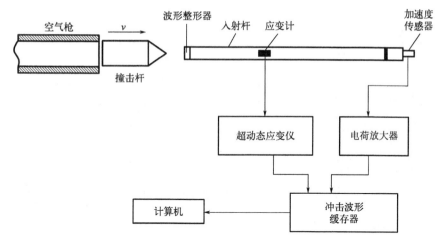

图 4.14　加速度传感器试验用 Hopkinson 压杆系统

径（大于 10 倍）时，应力波在入射杆中传播时的衰减和弥散可以忽略。贴在入射杆中央的应变片长度应小于入射杆中的应力波波长的十分之一，其可以测定此入射应变脉冲。该方法获得的加速度大小与脉冲宽度取决于弹丸的撞击速度、波形整形器的材料特性与结构尺寸以及入射杆的材料特性和结构尺寸。加速度范围大致在 $10000 \sim 200000g$，甚至超过 $200000g$，冲击加速度脉宽在几百到几十微秒之间。

（4）　Hopkinson 压杆激励技术的演化

国外一些专家学者针对轻小器件高加速度冲击试验的特点，基于 Hopkinson 技术开展了新的高加速度冲击试验装置的研究工作。爱尔兰的 Gerard Kelly 等人将多物体冲击碰撞速度放大的基本原理放到常规垂直冲击试验台中，形成了新的高加速度冲击测试试验平台[54-60]。他们发表的文章显示，在冲击速度为 4.2m/s 时，获得了加速度值约为 $70000g$ 的高加速度冲击环境。图 4.15、图 4.16 是基于冲击速度放大的高加速度冲击试验台及原理图。

由图 4.16 可知，其中的撞击杆和入射杆分别由各自的支架支撑。虽然采用了碰撞速度放大原理，但总的原理相当于一台"立式 Hopkinson 压杆装置"。而 Hopkinson 压杆装置的入射杆是高压气体驱动，可以获得较大的撞击速度。通常，支架是由金属材料加工制造而成的，其质量比较大，两个支架的总质量应该在数千克（远重于 Hopkinson 压杆装置的入射杆质量）。所以，不难想象要将这样质量的物体加速至 4.2m/s 的速度也不是一件容易的事。如果

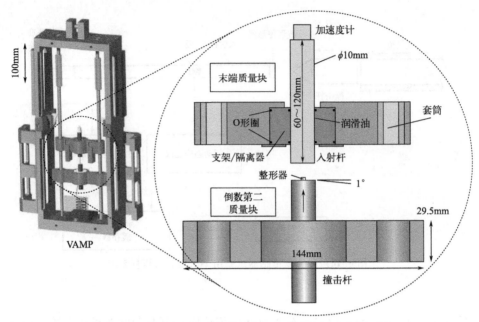

图 4.15　基于冲击速度放大的高加速度冲击试验台原理图

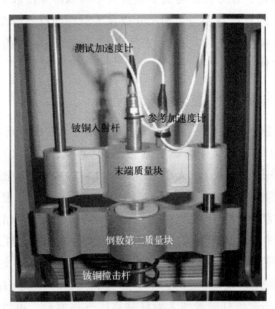

图 4.16　基于冲击速度放大的高加速度冲击试验台

单靠自由下落获得初速度，则提升高度较高，在 800mm 以上，整个装置的高度增加。因此，要想获得更高水平的高加速度冲击加速度脉冲激励环境，该技术具有很大的局限性。

（5）电磁驱动微型 Hopkinson 高加速度冲击加速度脉冲激励

上述技术的 Hopkinson 压杆装置或者立式 Hopkinson 压杆装置，存在的一个不足之处是采用压缩气体的方式对入射杆进行加速。气体发射方式存在着体积庞大、噪声污染严重、实验重复性差、不易于操作的缺点，需要较高的气体压力才能达到较高加速度水平过载激励环境。另外，由于气体发射方式的使用，极大地限制了 Hopkinson 杆装置的小型化。当前微型化的 Hopkinson 杆装置只是进行了杆件系统的小型化，但是由于依然采用体积庞大的气体发射方式对入射杆进行加速，导致整个装置依然很大，并且存在发射系统与杆件系统不易分离、可移植性差等不足。因此只能称之为杆件系统的小型化而不是整个 Hopkinson 装置的小型化。

因此，对于具有发射效率高、发射装置形式多样、体积大小易于控制、噪声污染小等诸多优点的电磁发射技术，可以依靠洛伦兹力或安培力简便地把克级至千克级质量的入射杆乃至几百到几千千克的大质量物体，推进到几千米每秒到几十千米每秒的速度，已成为一种很有潜力的未来发射技术。

北京理工大学刘战伟等人基于磁阻式多级电磁发射技术[61-63]，研制了微型 Hopkinson 压杆装置，如图 4.17 所示。该装置由新型微型 Hopkinson 压杆系统与磁阻式多级电磁发射系统组成。利用电磁脉冲发射原理，巧妙地设计了简单易行的磁阻式多级线圈发射系统，为微型 Hopkinson 压杆系统的撞击杆提供驱动力。

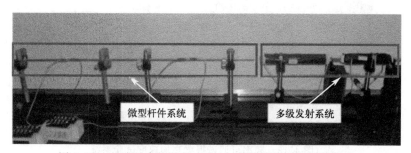

图 4.17　电磁驱动微型 Hopkinson 压杆高加速度试验系统

该技术的最大特点是采用了多级电磁脉冲驱动技术实现入射杆的加速。由于在线圈腔内放置铁磁材料能减小磁阻,因此当入射杆位于磁场内时,环绕线圈磁路的磁阻将发生变化,于是对入射杆产生了垂直线圈截面并指向线圈中心的作用力。当入射杆行进到线圈中心时,磁路的空气间隙变小,由于铁磁入射杆的磁导率比空气要高得多,磁通较容易地形成和通过,此时磁路的磁阻最小,因此驱动线圈对入射杆的作用力亦最小。当入射杆继续向前行进而远离线圈中心时,由于磁阻变大,驱动线圈再次对铁磁入射杆产生指向线圈中心的作用力。不过此时的作用力已经由原来的驱动力变成阻碍入射杆向前行进的阻力,入射杆会出现减速现象。因此,入射杆到达线圈中心后必须立即采取一定的措施使它不受或少受减速阻力作用,以提高入射杆的发射速度。实际的多级磁阻式电磁发射装置设计,要求具有一系列按时序导通的线圈回路,从而使入射杆在运动过程中持续受到加速力的作用。

4.5.4 谐振模拟冲击

设计专门的谐振梁或者谐振板,分为固定频率和可调频率谐振梁两种,可产生的加速度最高为 $40000g$,激励频率最高可达 $7kHz$。图 4.18 是可调频率谐振梁试验系统,图 4.19 是谐振板试验系统示意图,利用炸药爆炸激励谐振板,主要用于模拟火工品爆炸冲击[25]。

图 4.18 频率可调谐振梁高加速度试验系统

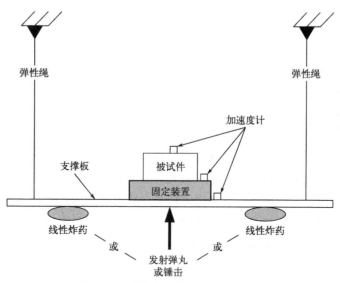

图 4.19　谐振板高加速度试验系统

4.5.5　靶场侵彻试验

利用试验弹丸通过各种驱动装置，如加农炮、滑膛炮、电磁导轨炮等，在试验靶场进行硬目标侵彻而获得高加速度冲击试验环境，该方法称为靶场侵彻试验或者炮击试验，图 4.20 所示是某靶场试验现场。根据测试要求选择不同的试验弹丸驱动装置，可以产生更为真实、复杂、更高加速度水平的冲击环境，是高加速度冲击测试技术研究和发展必不可少的方法和手段，更是弹载元器件及系统鉴定试验的必要手段。但是存在需要专门的试验场地、危险性高、设备费用昂贵、维护不便、被试件受限制等诸多问题。

图 4.20　靶场侵彻试验

4.5.6 各种冲击试验对比

总而言之，高加速度冲击试验设备在整个冲击测试流程中扮演着至关重要的角色，它是实际执行和承载各类冲击试验的基础平台。为了确保测试结果的准确性和有效性，所实施的冲击试验应当尽可能地模拟并匹配预期的真实的高加速度冲击过载环境。具体而言：

当预期的冲击环境为跌落冲击时，这意味着测试的重点在于模拟物体在自由落体过程中受到的瞬间冲击力，因此，必须将被测试件放置于专门设计的跌落冲击试验台上进行测试，以精确评估其在跌落过程中的耐冲击性能。

若所需的测试环境是模拟振荡冲击，这通常涉及周期性或连续性的振动与冲击，此时，应选用某种形式的共振试验装置或是振动冲击试验台来进行测试。这些设备能够产生特定频率和幅度的振动，以模拟实际工作中的振荡冲击条件。

而面对低水平激励的冲击测试需求，振动试验台往往是一个合适的选择。这类试验台能够产生较为温和但持久的振动，适用于评估产品在长期、低强度振动环境下的稳定性和耐久性。

表 4.3 列出了目前常用的高加速度冲击试验技术、特点及其使用范围，通过此表，可以清晰地看到不同冲击类型与相应测试设备之间的对应关系，可供从事该领域的研究人员在实施冲击试验时参考选用。

表 4.3　不同冲击试验比较

试验类型		优点	缺点	适用范围
标准脉冲		简单易行,成本低	低频段会导致"过试验";高频段会导致"欠试验"	模拟相对简单的冲击环境,可用于冲击量级及严苛度要求不高的产品
振动试验系统模拟技术		自动化程度高,可控性和重复性好	对大质量试件,高质量条件的试验很难完成	量级低,频率范围较窄的冲击响应谱实验
机械式碰撞模拟技术	跌落式冲击	具有一定可控性和重复性	试件的尺寸和质量受到限制	适合用于中小型产品的试验
	摆锤式冲击	具有一定可控性和重复性	试件的尺寸和质量受到限制	适合用于部、组件级产品的试验

续表

试验类型		优点	缺点	适用范围
机械式碰撞模拟技术	气动式冲击	具有一定可控性和重复性,可进行大质量高量级试验	对设备的基础强度要求高	适合用于大型航天器,高量级冲击响应谱模拟
	谱振装置	结构形式简单,研制和试验成本低	不适合大质量、大尺寸产品的试验,冲击载荷可控性一般	适合用于组件级产品试验
火工品爆炸模拟技术		模拟真实,载荷量级高,多维加载	载荷的可控性、重复性差,具有一定的危险性	量级高,频带宽,可用于系统级试验

第 5 章

轻小器件高加速度冲击激励技术

所谓轻小器件，是指重量轻、体积小的一类元器件，目前高速发展的 MEMS 器件代表着其中的典型例子。MEMS 器件指将微型传感器、执行器、电源以及微电子电路集成在一个芯片上的具有传感、执行和数据处理等功能的微型机械电子系统。如 Endvco 的 7270A 压阻式高加速度 MEMS 加速度传感器的量程最高达 $200000g$，尺寸（长×宽×高）为 $14.22mm \times 7.10mm \times 2.79mm$，质量仅仅 $1.5g$，是典型的轻小器件之一。由于 MEMS 器件具有分辨力高、精度高、体积小、重量轻、功耗低、工作可靠、批量生产成本低等优点，在信息通信、生物医学、生物工程、普通工业、农业、人类日常生活、环境、航空航天、航海、国防军事等领域得到了广泛的应用。主要的 MEMS 器件包括微型传感器（如加速度、压力、速度、微陀螺、力、力矩、位置等传感器）、微型执行器（如微开关、微谐振器、微泵、微阀门等）、微系统等类型。

正是由于 MEMS 器件的重量轻、尺寸小的特点，其在军事武器装备领域起到了不可替代的作用。尤其是"高加速度冲击武器"中的"灵巧引信"，或者称作"智能引信"等，利用高加速度加速度传感器对高加速度冲击加速度信息进行测试，通过对加速度信号的处理利用，实现弹头的计时起爆、空穴识别起爆、计层起爆、计行程起爆、定深起爆和介质识别起爆等引爆时机的控制，使武器发挥最大的破坏力。如德国和法国合作研制的 PIMPF（programmable intelligent multi-purpose fuze），美国 Motorola 公司和阿兰特技术系统公司在其研制的 HTSF（hart target smart fuze）的基础上，为美国空军研制的 ME-HTF（multiple-event hart target fuze）。这些引信都采用高加速度加速度传感器，感知弹头侵彻过程中的加速度信号，利用数据处理器把这些数据与引信数据存储器预储存的数据进行比较，当经过两个或几个预定的加速度峰值后，在预定的层面起爆引信和战斗部，或者当引信感觉到坚硬的层面时，于预定深度使引信起爆战斗部，或者在延期起爆时间之后使引信起爆战斗部，对地下工事形成致命的破坏作用[64-66]。

对诸如 MEMS 这类轻小器件的高加速度冲击加速度脉冲测试时，目前主要采用 Hopkinson 压杆装置进行，也可以采用试验负载能力较大的马歇特锤击试验装置、垂直冲击试验装置等进行。本章专门介绍一种具有操作方便、高效、体积小等特性的专门适合于轻小器件的高加速度冲击加速度脉冲激励技术。

5.1　碰撞速度放大器原理

5.1.1　常见的碰撞接触力学理论

（1）　Newton 的经典接触理论

Newton 的经典接触理论[67-68] 以冲量定理为核心，认为参与碰撞的两物体均为刚性体，用于预测碰撞后物体的运动速度，用恢复系数表示碰撞过程中的能量损失，但不能计算两碰撞物体的接触力及应力分布。认为碰撞时间为无穷小，而碰撞接触力为无穷大。

（2）　Hertzian 接触理论

Hertzian 首先得到了关于两个弹性体碰撞接触处应力分布较为满意的分析，该分析基于如下假设：接触系统由两个相互接触的物体组成，它们间不发生刚体运动；接触物体的变形是小变形，接触点可以预先确定，接触或分离只在两物体可能接触的相应点进行；应力、应变关系为线性关系；接触表面充分光滑；不考虑接触面的介质（如润滑油）、不计动摩擦影响[69-72]。如图 5.1 所示是最常见的两弹性球体的对心碰撞模型。

对于图 5.1 所示的质量分别为 G_1、G_2 的两弹性球体，G_1 以初速度 V_0 撞击静止的 G_2，取力方向向右为正，接触力应满足以下公式：

$$F(t) = \frac{4}{3}E^* R^{1/2}\delta(t)^{3/2} = \left[\frac{\delta(t)}{r}\right]^{3/2} \quad (5.1)$$

式中　E^*——两碰撞体的当量弹性模量；

　　　R——两碰撞体接触面的相对曲率半径；

　　$\delta(t)$——两碰撞体接触面相对挤压位移。

E^*、R、$\delta(t)$ 的计算式分别为：

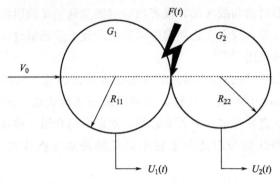

图 5.1　两弹性体 Hertzian 接触模型

$$\frac{1}{E^*} = \frac{1 - v_{11}^2}{E_{11}} + \frac{1 - v_{22}^2}{E_{22}} \tag{5.2}$$

$$\frac{1}{R} = \frac{1}{R_{11}} + \frac{1}{R_{22}} \tag{5.3}$$

$$\delta(t) = U_1(t) - U_2(t) \tag{5.4}$$

式中　E_{11}、E_{22}、v_{11}、v_{22}——分别为两碰撞体材料的杨氏弹性模量、泊松比；

　　　R_{11}、R_{22}——分别为两碰撞体接触面的曲率半径；

　　$U_1(t)$、$U_2(t)$——分别为两碰撞体接触面的质点位移。

r 的计算式为：

$$r = \left[\frac{9}{16}(E^*)^{-2}R^{-1}\right]^{1/3} \tag{5.5}$$

对于 G_1、G_2 满足运动方程：

$$\begin{cases} G_1 \dfrac{\mathrm{d}^2 U_1(t)}{\mathrm{d}t^2} = -F(t) \\[4mm] G_2 \dfrac{\mathrm{d}^2 U_2(t)}{\mathrm{d}t^2} = F(t) \end{cases} \tag{5.6}$$

上式的初始条件为：

$$\begin{cases} U_1(0) = U_2(0) = \dfrac{\mathrm{d}U_2(0)}{\mathrm{d}t} = 0 \\[4mm] \dfrac{\mathrm{d}U_1(0)}{\mathrm{d}t} = V_0 \end{cases} \tag{5.7}$$

式(5.6) 两式相减可得：

$$\frac{\mathrm{d}^2 \delta(t)}{\mathrm{d}t^2} + \frac{G_1 + G_2}{G_1 G_2} F(t) = 0 \tag{5.8}$$

将式(5.8) 代入式(5.1) 可得：

$$\frac{\mathrm{d}^2\delta(t)}{\mathrm{d}t^2}+\frac{G_1+G_2}{G_1 G_2}\left[\frac{\delta(t)}{r}\right]^{3/2}=0 \tag{5.9}$$

上式对时间一次积分可得：

$$\frac{\mathrm{d}\delta(t)}{\mathrm{d}t}=V_0\sqrt{1-\left(\frac{\delta(t)}{\delta_\mathrm{m}}\right)^{5/2}} \tag{5.10}$$

式中，δ_m 为最大挤压位移。

计算式为：

$$\delta_\mathrm{m}=\left(\frac{5}{4}r^{3/2}\frac{G_1+G_2}{G_1 G_2}V_0^2\right)^{2/5} \tag{5.11}$$

式(5.10) 对时间再一次积分可得：

$$\int_0^{\delta/\delta_\mathrm{m}}\frac{\mathrm{d}x}{\sqrt{1-x^{5/2}}}=\frac{V_0 t}{\delta_\mathrm{m}} \tag{5.12}$$

上式为 $\delta(t)$ 的精确解，代入式(5.1) 可得接触力的解。进一步可得撞击过程所经历的时间为：

$$\tau=2.9432\frac{\delta_\mathrm{m}}{V_0} \tag{5.13}$$

最大接触力为：

$$F_\mathrm{m}=\left(\frac{5}{4}\times\frac{G_1+G_2}{G_1 G_2}\times\frac{V_0^2}{r}\right)^{3/5} \tag{5.14}$$

（3） St. Venant's 接触理论

一维弹性杆碰撞问题在实际的冲击机械系统中经常遇到。St. Venant 对碰撞产生的应力波在弹性杆中的传播问题首次进行了详细的分析，其认为弹性杆撞击端在碰撞时刻立即获得撞击速度并直至碰撞接触结束为止，碰撞接触力不连续。St. Venant 碰撞接触模型[68,73-76] 如图 5.2 所示。质量为 m_2 的刚性块体以初速度 V_0 共轴等截面撞击静止的自由弹性杆 m_1，弹性杆长为 L，直径为 d。

根据 St. Venant 的接触理论，弹性杆中质点的运动方程可写成：

$$\frac{\partial^2 u_1(x,\ t)}{\partial t^2}=c^2\frac{\partial^2 u_1(x,\ t)}{\partial x^2} \tag{5.15}$$

$$c=\sqrt{E_1/\rho_1}$$

式中　　c——一维弹性应力波波速；

E_1、ρ_1——分别为弹性杆材料的杨氏弹性模量和泊松比；

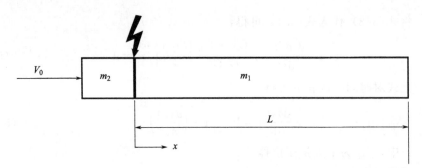

图 5.2　St. Venant 碰撞接触模型

$u_1(x, t)$——弹性杆中质点的位移。

弹性杆任意截面内的应力和应变满足线性关系：

$$\sigma(x, t) = E_1 \varepsilon(x, t) = E_1 \frac{\partial u_1(x, t)}{\partial x} \tag{5.16}$$

弹性杆中所有质点在撞击前的位移和速度均为零。同时 St. Venant 认为，撞击瞬间弹性杆碰撞接触面质点获得与刚性块一样的速度，即式(5.15) 的初始条件为：

$$\begin{cases} u_1(x, 0) = \dfrac{\partial u_1(x, 0)}{\partial t} = 0 \\[3mm] \dfrac{\partial u_1(0, 0)}{\partial t} = V_0 \end{cases} \tag{5.17}$$

弹性杆自由端的应力应始终为零，结合式(5.16) 即得式(5.15) 的边界条件为：

$$\frac{\partial u_1(L, t)}{\partial x} = 0 \tag{5.18}$$

对于刚性块，由牛顿定律可得其运动方程为：

$$m_2 \frac{d^2 u_2(t)}{dt^2} = -AE_1 \frac{\partial u_1(0, t)}{\partial x} \tag{5.19}$$

式中，A 为弹性杆截面积。

其初始条件为：

$$\begin{cases} u_2(0) = 0 \\[3mm] \dfrac{du_2(0)}{dt} = V_0 \end{cases} \tag{5.20}$$

在碰撞过程中，刚性块的位移和弹性杆碰撞接触面质点位移始终相等。当弹性杆碰撞接触面质点应力为零时，St. Venant 认为撞击过程结束，即撞击过程所经历的时间为：

$$\tau = \frac{2L}{c} \tag{5.21}$$

（4）边界接触理论

对于任意一次碰撞来说，具体情况都是十分复杂的。如图 5.2 所示的刚性块和弹性杆的碰撞问题，碰撞接触面的实际速度不是 Hertzian 认为的那样瞬间获得，碰撞接触力应该是时间的连续函数。边界接触理论认为，弹性杆中的应力波传播控制方程仍然为式（5.15），但碰撞接触面接触力则由 Hertzian 接触理论［式（5.1）］确定。所不同的是，弹性杆碰撞接触面的动态边界条件为：

$$E_1 A \frac{\partial u_1(0, t)}{\partial x} = F(t) \tag{5.22}$$

类似于式（5.19），对于刚性块，其运动方程可写为：

$$m_2 \frac{\mathrm{d}^2 u_2(t)}{\mathrm{d}t^2} = -F(t) \tag{5.23}$$

式中　$u_1(x, t)$——弹性杆中质点的位移；

$u_2(t)$——刚性块在撞击过程中的位移。

刚性块与弹性杆碰撞过程中的接触力 $F(t)$ 由 Hertzian 定律式（5.1）确定，E^*、R 由刚性块和弹性杆确定，这里假设刚性块碰撞接触面是半径为 R_2 的球面。碰撞接触面压缩量由下式计算：

$$\delta(t) = u_2(t) - u_1(0, t) \tag{5.24}$$

为简化分析过程，引入无量纲位置及时间变量：

$$\xi = \frac{x}{L} \tag{5.25}$$

$$\tau = \frac{ct}{L} \tag{5.26}$$

用无量纲位置及时间变量，可定义无量纲位移表达式为：

$$u_1^*(\xi, \tau) = \frac{u_1(x, t)}{L} \tag{5.27}$$

$$u_2^*(\tau) = \frac{u_2(t)}{L} \tag{5.28}$$

对弹性杆，则有无量纲质点速度及应变表达式：

$$v_1(x, t) = \frac{\partial u_1(x, t)}{\partial t} = c \frac{\partial u_1^*(\xi, \tau)}{\partial \tau} \tag{5.29}$$

$$\varepsilon(x, t) = \frac{\partial u_1(x, t)}{\partial x} = \frac{\partial u_1^*(\xi, \tau)}{\partial \tau} \tag{5.30}$$

所以，式(5.15) 变为：

$$\frac{\partial^2 u_1^*(\xi, \tau)}{\partial \tau^2} = \frac{\partial^2 u_1^*(\xi, \tau)}{\partial \xi^2} \tag{5.31}$$

根据式(5.15) 的 D'Alembert 解，式(5.31) 的解可写成：

$$u_1^*(\xi, \tau) = p(\tau - \xi) + g(\tau + \xi) \tag{5.32}$$

式中，p、g 分别为冲杆中的前行和反射应力波的函数。

定义无量纲压缩量：

$$\delta^*(t) = \frac{\delta(t)}{L} \tag{5.33}$$

则刚性块与弹性杆碰撞过程中的接触力 $F(t)$ 计算式可改写成：

$$F(t) = E_1 A \beta [\delta^*(t)]^{3/2} \tag{5.34}$$

式中，β 为无量纲撞击刚度系数[68,77]。

由下式计算：

$$\beta = \frac{4E^* R_2^{1/2} L^{5/2}}{3m_1 c^2} = \frac{4E^* R_2^{1/2} L^{3/2}}{3E_1 A} \tag{5.35}$$

所以，刚性块的运动方程可改写成：

$$\frac{d^2 u_2^*(\tau)}{d\tau^2} = -E_1 A \beta [\delta^*(t)]^{3/2} \tag{5.36}$$

弹性杆中任意截面任意时刻的应力可表示为：

$$\sigma(x, t) = E_1 \frac{\partial u_1(x, t)}{\partial x} \tag{5.37}$$

所以，结合式(5.18) 和式(5.32)，弹性杆自由端边界条件可改成：

$$p'(\tau - 1) + g'(\tau + 1) = 0 \tag{5.38}$$

综合式(5.24)、式(5.32) 及式(5.33) 可得：

$$\delta^*(\tau) = u_2^*(\tau) - [p(\tau) + g(\tau)] \tag{5.39}$$

因为弹性杆碰撞接触面的应变可表示为：

$$\frac{\partial u_1(0, \tau)}{\partial x} = \frac{\partial u_1^*(0, \tau)}{\partial \xi} = -p'(0, \tau) + g'(\tau) \tag{5.40}$$

所以弹性杆碰撞接触面动态边界条件变成：

$$p'(\tau) - g'(\tau) = \beta(\delta^*)^{3/2} \tag{5.41}$$

至此，完成了对刚性块与弹性杆碰撞的波动力学分析[69-68,78-81]。现归纳为：

$$\frac{\mathrm{d}^2 u_2^*(\tau)}{\mathrm{d}\tau^2} = -E_1 A\beta\{u_2^*(\tau) - [p(\tau) + g(\tau)]\}^{3/2} \tag{5.42}$$

上式的边界条件归纳为：

$$\begin{cases} p'(\tau) - g'(\tau) = \beta\{u_2^*(\tau) - [p(\tau) + g(\tau)]\}^{3/2} \\ p'(\tau - 1) + g'(\tau + 1) = 0 \end{cases} \tag{5.43}$$

初始条件归纳为：

$$\begin{cases} p(\tau) = 0 & \tau \leqslant 0 \\ g(\tau) = 0 & 0 \leqslant \tau \leqslant 1 \\ u_2^*(0) = 0 \\ \dfrac{\mathrm{d}u_2^*(0)}{\mathrm{d}\tau} = \dfrac{V_0}{c} \end{cases} \tag{5.44}$$

5.1.2　基于 Newton 经典接触理论的物体碰撞

（1）两物体碰撞

基于 Newton 经典接触理论，在忽略外力（包括重力）的影响下，对两物体的碰撞进行详细分析。两物体碰撞示意图如图 5.3 所示。

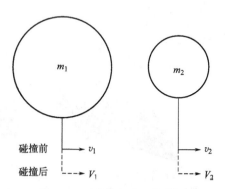

图 5.3　两物体经典碰撞模型

图 5.3 中 $m_1 > m_2$，v_1、v_2、V_1、V_2 分别代表 m_1、m_2 在碰撞前后的速度。则由动量守恒定理有：

$$m_1 V_1 + m_2 V_2 = m_1 v_1 + m_2 v_2 \tag{5.45}$$

m_1、m_2 之间的碰撞速度恢复系数可表示为：

$$e_{2,1} = -\frac{V_2 - V_1}{v_2 - v_1} \tag{5.46}$$

结合式(5.45)、式(5.46) 可得两物体碰撞后的速度放大系数为：

$$A_1 = \frac{V_1}{v_1} = 1 + \frac{r_{2,1}}{1 + r_{2,1}}(1 + e_{2,1})(g_{2,1} - 1) \tag{5.47}$$

$$A_2 = \frac{V_2}{v_2} = 1 - \frac{1}{1 + r_{2,1}}(1 + e_{2,1})\left(1 - \frac{1}{g_{2,1}}\right) \tag{5.48}$$

其中，$r_{2,1}$，$g_{2,1}$ 为质量比和初始速度比，分别定义为：

$$r_{2,1} = \frac{m_2}{m_1} \tag{5.49}$$

$$g_{2,1} = \frac{v_2}{v_1} \tag{5.50}$$

在给定 $e_{2,1}=0.8$、$r_{2,1}=[0, 3]$、$g_{2,1}=[-3, 1]$（理论上，$g_{2,1}<1$ 才能保证 m_1 能与 m_2 相撞）的情况下，根据式(5.47)、式(5.48) 绘制的速度放大系数如图 5.4 所示。

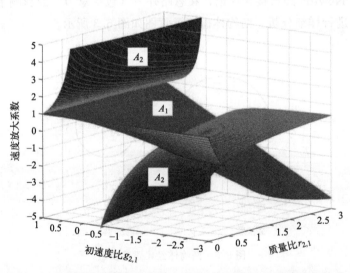

图 5.4　两物体经典碰撞速度放大系数与初速度比及质量比的关系

根据图 5.4 可对两物体进行经典碰撞后的速度放大系数进行分析。注意到，A_2 与初速度比不连续，想要使 m_2 速度放大即 $A_2>1$，质量比 $r_{2,1} \rightarrow 0$ 和

初速度比 $g_{2,1} \to 0$ 时效果最佳。这给我们实际利用碰撞速度放大原理提供了设计依据。

进一步，当 m_1 与 m_2 碰撞后 m_1 停止，即 $V_1 = 0$，说明 m_1 将动量全部传递给了 m_2。此时，初速度比 $g_{2,1}$ 随 $e_{2,1}$ 和 $r_{2,1}$ 的变化而变化。则由式(5.47)可得:

$$g_{2,1} = \frac{e_{2,1} - \dfrac{1}{r_{2,1}}}{1 + e_{2,1}} \tag{5.51}$$

类似地，当 m_1 与 m_2 碰撞后 m_2 停止，即 $V_2 = 0$，说明 m_2 将动量全部传递给了 m_1。此时，初速度比 $g_{2,1}$ 随 $e_{2,1}$ 和 $r_{2,1}$ 的变化而变化。则由式(5.48)可得:

$$g_{2,1} = \frac{1 + e_{2,1}}{e_{2,1} - r_{2,1}} \tag{5.52}$$

在给定 $r_{2,1} = [0, 3]$、$e_{2,1} = [0, 1]$ 的情况下，利用式(5.51)、式(5.52)绘制 $g_{2,1}$ 的变化情况如图 5.5 所示。

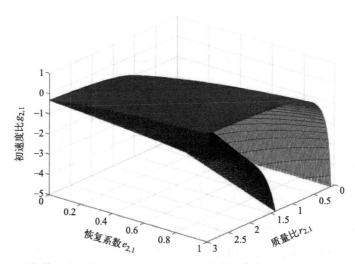

图 5.5　两物体经典碰撞后速度变为零时的初速度比与恢复系数及质量比的关系

当两物体之间的参数正好处于图 5.5 所示的曲面上，表示当 m_1 与 m_2 碰撞后至少有一个物体保持静止；当两物体之间的参数处于下方曲面以下时，m_1 与 m_2 碰撞后均以图 5.3 所示方向的相反方向运动；当两物体之间的参数处于两曲面之间时，m_1 与 m_2 碰撞后均以各自初始速度方向的相反方向运动；当两物体之间的参数处于上方曲面之上时，m_1 与 m_2 碰撞后均以图 5.3 所示方向运动。想要使 m_2 速度放大即 $A_2 > 1$，上方曲面及以上的参数配置便是设计碰撞冲击试验设备的参考数据。

（2）多物体碰撞

为了探求能够用于冲击速度放大而产生高加速度冲击加速度脉冲试验环境的配置，需要分析多物体经典碰撞的情况。

先看如图 5.6 所示的水平经典碰撞情况。

假设 $m_1 > m_2 > \cdots > m_k > \cdots > m_n$，且 $v_2 = v_3 = \cdots = v_k = \cdots = v_n = 0$，$r_{k,k-1} = m_k / m_{k-1}$，$e_{k,k-1}$ 表示 m_{k-1} 与 m_k 之间的速度恢复系数。

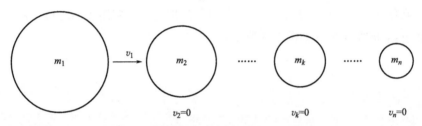

图 5.6 对物体水平依次经典碰撞示意图

m_1 碰撞 m_2，然后 m_2 碰撞 m_3，以此类推，最后 m_n 被碰撞并获得速度放大。根据动量守恒定理及恢复系数的定义式，可得其中任意质量块 m_k 被碰撞后的速度可表示为：

$$V_k = \frac{1 + e_{k,k-1}}{1 + r_{k,k-1}} V_{k-1} \tag{5.53}$$

式中，V_{k-1} 表示 m_{k-1} 碰撞 m_k 前的速度。

则 m_k 相对于 m_{k-1} 获得的速度放大系数为：

$$A_k = \frac{1 + e_{k,k-1}}{1 + r_{k,k-1}} \tag{5.54}$$

则可得 m_n 相对于 m_1 所获得的速度放大系数为：

$$G_n = A_2 A_3 \cdots A_n = \prod_{k=2}^{n} \left(\frac{1 + e_{k,k-1}}{1 + r_{k,k-1}} \right) \tag{5.55}$$

当给定 m_1 和 m_n 后，质量比 $r_{n,1} = m_n / m_1$ 是恒定的，即为：

$$R = \frac{m_n}{m_1} = r_{2,1}A_{3,2}\cdots A_{n,n-1} \tag{5.56}$$

研究表明，m_n 获得最大速度放大系数时，$r_{k,k-1}$ 应为：

$$r_{k,k-1} = R^{\frac{1}{n+1}} \quad k = 2, 3, \cdots, n \tag{5.57}$$

若 $e_{21} = e_{32} = \cdots = e_{k,k-1} = \cdots = e_{n,n-1} = e$，则可得 m_n 相对于 m_1 所获得的最大速度放大系数为：

$$G_n = \left(\frac{1+e}{1+R^{\frac{1}{n+1}}}\right)^{n-1} \tag{5.58}$$

再看如图 5.7 所示的垂直依次经典碰撞情况。这是各种垂直冲击试验技术的常用方法。

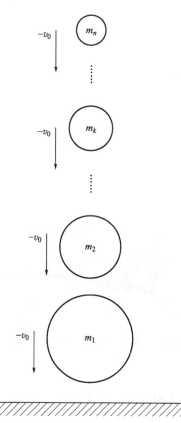

图 5.7　对物体垂直依次经典碰撞示意图

m_1 至 m_n 在某种驱动方式下获得同样的向下初速度 $-v_0$（规定速度垂直向上为正）。m_1 首先与基座碰撞后反弹，再依次产生如同图 5.6 所示的碰撞，只是碰撞初速度不为零。引用上述结论，可得 m_n 最终获得的速度放大系数为：

$$G_n = (1 + e_{1,0}) \prod_{k=2}^{n} \left(\frac{1 + e_{k,k-1}}{1 + r_{k,k-1}} \right) - 1 \tag{5.59}$$

式中，$e_{1,0}$ 表示 m_1 与基座碰撞时的速度恢复系数。同样以在 m_n 上获得最大速度放大系数为目标，质量比满足式(5.57)并假设速度恢复系数为 $e_{10} = e_{21} = e_{32} = \cdots = e_{k,k-1} = \cdots = e_{n,n-1} = e$，则式(5.59) 变为：

$$G_n = \frac{(1+e)^n}{(1 + R^{\frac{1}{n-1}})^{n-1}} - 1 \tag{5.60}$$

则可绘制如图 5.8 所示的 m_n 最大速度放大系数 G_n 与物体个数 n、质量比 R 及速度恢复系数 e 之间的关系。

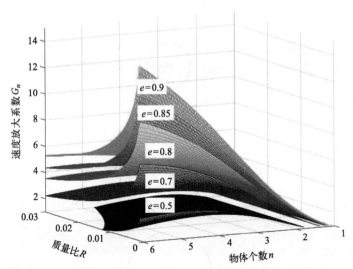

图 5.8 G_n 与物体个数 n、质量比 R 及速度恢复系数 e 之间的关系

可见要在 m_n 获得大的速度放大系数 G_n，R 越小、n 越多、e 越大（不超过 1）效果就越好。

对于实际中用于产生高加速度冲击过载环境而言，物体个数 n 不可能太多，建议取 2 或 3 为宜，这样有利于机械结构的实现。$n = 2$ 时即得到一级速度放大器，$n=3$ 时则为二级速度放大器。

5.2　基于一级速度放大器的轻小器件高加速度冲击加速度脉冲激励技术

5.2.1　组成与原理

基于以上分析，针对轻小器件的高加速度冲击测试试验，提出了适合轻小器件高加速度冲击过载环境的激励技术装置组成原理如图 5.9 所示。

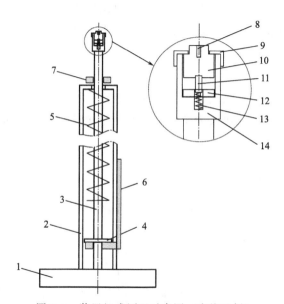

图 5.9　装置组成原理示意图（未按比例）

1—底座；2—外壳；3—冲杆；4—台阶；5—驱动弹簧；6—提升装置；7—夹持装置；8—螺纹孔；
9—上盖；10—响应头；11—悬浮顶针；12—波形整形器；13—悬浮弹簧；14—上座

冲杆、上座、上盖、悬浮顶针、波形整形器和悬浮弹簧的组合称为冲杆总成。冲杆和上座固定在一起，上盖和上座用螺纹连接在一起。波形整形器置于上座的上端面。响应头由悬浮顶针和悬浮弹簧悬浮于上盖的孔中，使得响应头和波形整形器之间有一定的距离。响应头的上方由上盖固定。响应头在克服悬浮弹簧的阻力作用下可以沿着上盖内孔壁滑动，并可与波形整形器接触。底座和外壳组成整个装置的基础。提升装置和夹持装置安装在外壳的设定位置，分别起提升冲杆总成和夹持冲杆使冲杆总成处于一定高度的作用。驱动弹簧套在冲杆上，固定于冲杆外壳上端内壁，两端的力的反作用点分别为冲杆上的台阶和外壳上端内壁。冲杆穿过外壳上端的中心孔处在壳体外。

装置产生高加速度冲击环境的工作原理为：操作提升装置，压缩驱动弹簧，冲杆总成及响应头被提升一定高度后，操作夹持装置夹住冲杆，使得冲杆总成与响应头处于悬空状态；再操作夹持装置，释放冲杆总成，冲杆总成与响应头在驱动弹簧的弹力下加速垂直向下运动，获得一定的初速度；冲杆总成将与底座发生冲击碰撞，碰撞后，冲杆总成以一定的速度反弹向上运动；在冲杆总成和底座冲击碰撞的瞬间，响应头克服悬浮弹簧的阻力（非常小）仍向下运行，形成冲杆总成和响应头相向运动的情形，最终两者将产生对碰，因为响应头与波形整形器之间的悬浮距离很小，所以认为响应头和冲杆总成对碰的速度仍然为在驱动弹簧作用下所获得的初速度；由于设计的响应头的质量比冲杆总成的质量要小，响应头在对碰后将反向向上运动，即响应头在瞬间获得了较大的速度变化量，从而产生高加速度冲击环境。

该方案的思想仍然是利用多物体冲击碰撞速度放大原理。从装置组成示意图及工作原理可以简化出其力学模型与冲击碰撞过程，如图 5.10 所示。

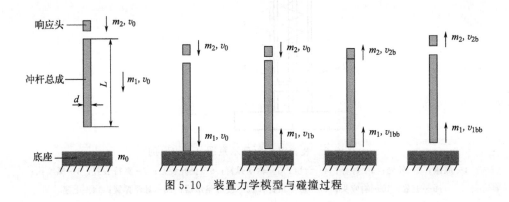

图 5.10　装置力学模型与碰撞过程

为简化分析，波形整形器、悬浮弹簧及悬浮顶针的质量很小，因此忽略不计，同时忽略上座、上盖形状的影响。所以，冲杆总成就简化为等直径的杆，这节中的分析都简称作冲杆。图 5.10 中：L 为冲杆的长度；m_0、m_1 和 m_2 分别为底座、冲杆总成和响应头的质量，为在响应头上获得冲击碰撞速度放大，三者之间的关系为 $m_0 > m_1 > m_2$；d 为冲杆的直径；v_0 为冲杆和响应头在驱动弹簧作用下获得的垂直向下运动的共同初速度；v_{1b} 为冲杆和底座碰撞后获得的反弹速度；v_{2b} 为响应头与冲杆对碰后获得的反弹速度；v_{1bb} 则表示冲杆和响应头对碰后的速度。速度的方向如图中的箭头所示。这里，综合考虑驱动弹簧的安装及被测件尺寸小等因素，冲杆 m_1 可以设计成长径比大于 10 的细长杆，即可认为冲杆为一维弹性杆。m_0、m_1 和 m_2 构成了一个三物体依次碰撞的一级冲击速度放大器，是该装置的核心。本章后面的内容将以三物体的冲击动力学、波动力学、接触力学为基础，围绕如何尽可能在响应头上获得更高的冲击加速度而开展分析和讨论，同时完成装置主要零部件和关键参数的设计计算及结构设计。

5.2.2　冲击动力学分析

（1）响应头的速度放大系数

基于 Newton 经典碰撞接触理论对响应头速度放大系数进行分析。由图 5.10，m_1 和 m_0 碰撞时，m_0 为底座，速度始终为零。设它们之间碰撞时的恢复系数为 $e_{1,0}$，则有：

$$v_{1b} = e_{1,0} v_0 \tag{5.61}$$

取速度向上为正，设 m_2 和 m_1 碰撞时的恢复系数为 $e_{2,1}$，由图 5.10 及恢复系数的物理意义有：

$$e_{2,1} = \frac{v_{2b} - v_{1bb}}{v_0 + v_{1b}} \tag{5.62}$$

对 m_2 和 m_1，由动量守恒得：

$$m_1 v_{1b} - m_2 v_0 = m_1 v_{1bb} + m_2 v_{2b} \tag{5.63}$$

令 $r_{2,1} = \dfrac{m_2}{m_1}$，综合式(5.61)~式(5.63) 解得响应头与冲杆碰撞后的速度公式为：

$$v_{2b} = \frac{v_{1b}(1 + e_{2,1}) + (e_{2,1} - r_{2,1})v_0}{1 + r_{2,1}} \tag{5.64}$$

所以得响应头的速度放大系数计算公式为：

$$G_2 = \frac{v_{2b}}{v_0} = (1 + e_{1,0}) \frac{1 + e_{2,1}}{1 + r_{2,1}} - 1 \tag{5.65}$$

可见，响应头获得的速度放大系数与两次碰撞的恢复系数及响应头与冲杆之间的质量比有关。

在 $r_{2,1} \in [0.02, 0.4]$，$e_{2,1} = e_{1,0} \in [0.3, 1]$ 的情况下，式(5.65)的仿真计算如图 5.11 所示。

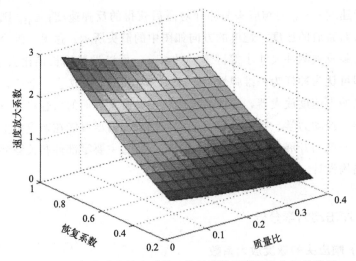

图 5.11　3 物体速度放大系数、恢复系数及质量比之间的关系

由图 5.11 可知，随着 $r_{2,1}$ 的减小和恢复系数的增大，响应头上获得的速度放大系数随之增大。对于完全弹性碰撞，同时在 $r_{2,1}$ 足够小的情况下，响应头所能获得的速度放大系数的理想极限值趋近于 3。所以恢复系数及 m_0、m_1 和 m_2 的设计至关重要。

由于 Newton 经典碰撞接触理论的前提是碰撞体为刚体，但实际情况并非如此，因此以上分析只是进行定性分析。恢复系数是两个物体相互碰撞时的特性，用来衡量两个物体碰撞后的反弹程度。恢复系数的大小与参与碰撞物体的材料、碰撞接触面形貌及碰撞速度有关[72]。恢复系数通常在 0 到 1 之间，此时两物体的碰撞称为弹性碰撞。当恢复系数为 0 时，则表示两个物体碰撞后黏在一起的情况。但理论上恢复系数还可以小于 0 或者大于 1。如碰撞后如果产生爆炸，此时便有其他形式的能量转化成了两个碰撞物体的动能，所以出现恢复系数大于 1 的情况。恢复系数小于 0 的特例则是子弹穿过靶板的情况[82-85]。

（2）杆与底座的碰撞

在冲杆与底座的碰撞过程中，我们关心的是冲杆的反弹。假设底座碰撞接触面为平面，冲杆碰撞接触面是直径为 R_1 的球面。由于冲杆可视为一维弹性杆，撞击产生的应力波对碰撞接触面的接触和反弹有影响，因此以冲杆的波动力学为基础，着重对冲杆的冲击动力学特性进行分析。冲杆的冲击动力学分析需要做以下假设：

◇ 底座和冲杆均为弹性体；

◇ 不计质量的影响及碰撞阻尼力的影响；

◇ 忽略杆的横向振动；

◇ 忽略其他形式的能量损失；

◇ 从碰撞接触开始计时。

由冲击动力学可知，两者碰撞时的恢复系数也可由下式表示：

$$e_{1,0} = \sqrt{1 - \eta_{1,0}} \tag{5.66}$$

式中，$\eta_{1,0}$ 为 m_1 与 m_0 碰撞时的能量传递效率。

设冲杆和底座的碰撞接触面质点位移为 $u(t)$，由波动力学的一元冲击系统方程有：

$$Z \frac{\mathrm{d}u(t)}{\mathrm{d}t} + k_1 u(t) = Z v_0 \tag{5.67}$$

式中　Z——冲杆的波阻；

　　　k_1——m_1 与 m_0 碰撞时的等效接触弹簧刚度。

冲杆波阻的计算公式为：

$$Z = \frac{1}{4} \pi d^2 \sqrt{E_1 \rho_1} \tag{5.68}$$

等效接触弹簧刚度的计算公式为[71,86]：

$$k_1 = 1.19994 v_0^{0.4} \left(\frac{m_1}{r_{1,0} + 1} \right)^{0.2} (E^*)^{0.8} R_1^{0.4} \tag{5.69}$$

其中，E^* 的计算式为：

$$\frac{1}{E^*} = \frac{1 - v_0^2}{E_0} + \frac{1 - v_1^2}{E_1} \tag{5.70}$$

式中　E_0、E_1、v_0、v_1——分别为底座材料和冲杆的杨氏弹性模量和泊松比；

　　　$r_{1,0}$——冲杆和底座的质量比，即 $r_{1,0} = m_1/m_0$。

根据假设可知冲杆为一维弹性杆，应力波在杆中的波速为 $c = \sqrt{E_1/\rho_1}$。

综合式(5.67)，在时间满足 $0 \leqslant t \leqslant 2\dfrac{L}{c}$ 时，$u(t)$ 的解为：

$$u(t) = \frac{v_0 Z}{k_1} (1 - e^{-\frac{k_1}{Z} t}) \tag{5.71}$$

可见，在时间 $0 \leqslant t \leqslant 2\dfrac{L}{c}$ 范围内，$u(t)$ 为单调递增函数，表明冲杆一直向下撞击底座。

当 $2\dfrac{L}{c} \leqslant t \leqslant 4\dfrac{L}{c}$ 时，$u(t)$ 的解为：

$$u(t) = 2v_0 \left(t - \frac{2L}{c} \right) e^{-\frac{k_1}{Z}\left(t - \frac{2L}{c}\right)} + \frac{v_0 Z}{k_1} \left(2 - e^{-\frac{k_1}{Z}t} \right) e^{-\frac{k_1}{Z}\left(t - \frac{2L}{c}\right)} - \frac{v_0 Z}{k_1}$$

$$(5.72)$$

碰撞接触面的最大位移即底座或冲杆的碰撞接触面的压缩量为：

$$u_{\max} = \frac{Zv_0}{k_1} (2e^{-0.5e^{-2/\gamma}} - 1) \tag{5.73}$$

式中   e——自然对数的底；

γ——被定义为：

$$\gamma = \frac{\pi E_1 d^2}{4Lk_1} \tag{5.74}$$

碰撞接触面取得最大位移的时间为：

$$t_{m1} = \frac{Z}{2k_1} e^{-\frac{2Lk_1}{Zc}} + \frac{2L}{c} \tag{5.75}$$

可以认为撞击过程时间为：

$$\tau = 2t_{m1} = \frac{Z}{k_1} e^{-\frac{2Lk_1}{Zc}} + \frac{4L}{c} \tag{5.76}$$

所以，在忽略其他形式的能量损失时，可得 m_1 与 m_0 碰撞时的能量传递效率为：

$$\eta_{1,0} = \gamma (2e^{-0.5e^{-2/\gamma}} - 1) \quad \gamma < 5.68 \tag{5.77}$$

在 γ 的取值范围为 $[0.01, 2]$ 的情况下，恢复系数 $e_{1,0}$ 与 γ 的关系曲线如图 5.12 所示。

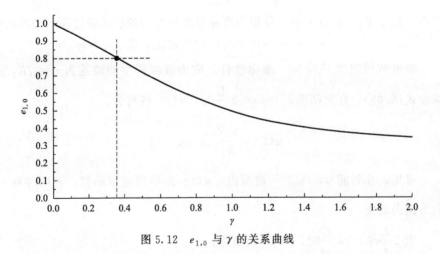

图 5.12 $e_{1,0}$ 与 γ 的关系曲线

显然，m_1 与 m_0 碰撞时恢复系数 $e_{1,0}$ 随着 γ 的增大而增大。本书的设计目的是尽可能提高 $e_{1,0}$，所以，应尽可能使 γ 越小越好。比如，要使 $e_{1,0} >$ 0.8 时，则 $\gamma < 0.35$。就这一点来说，通过设计冲杆和底座是完全可以满足设计要求的。具体的措施有：

◇ 用低杨氏弹性模量的材料来设计冲杆；

◇ 在不失稳的情况下，尽可能提高冲杆的长径比；

◇ 用高杨氏弹性模量的材料设计底座；

◇ 在冲杆质量一定的情况下，底座设计稍重些以减小 $r_{1,0}$；

◇ 增大冲杆和底座碰撞接触面的曲率半径，可直接设计成平面。

（3）响应头与冲杆的碰撞

由边界接触理论可知，式(5.42)～式(5.44) 为具有时滞的二阶常系数微分方程，得到解析解是困难的，只能通过数值计算的方法获取近似值。本文基于边界接触理论，以撞击力作为分析对象，避免了解微分方程的问题，能很好地进行理论分析，以获得设计实验装置的理论依据。

响应头与冲杆的碰撞过程中，关注的重点则是响应头的冲击运动特性，主要包括能量传递效率（恢复系数）、碰撞接触时间及响应头的峰值加速度，三者相互影响。本文设计的响应头长度和直径差不多，碰撞时的波动效应可以忽略不计，即认为响应头与冲杆碰撞时，响应头被当作刚体对待。冲杆上端与响应头的碰撞接触面为平面。同时作以下假设：

◇ 在响应头和冲杆碰撞时，冲杆和底座撞击后冲杆中产生的应力波已经消失；

◇ 不计质量的影响及碰撞阻尼力的影响；

◇ 忽略上座及波形整形器的影响，认为响应头直接与冲杆上端面碰撞接触；

◇ 忽略杆的横向振动；

◇ 忽略其他形式的能量损失；

◇ 从碰撞的接触开始计时。

为简化分析过程，以能量守恒为条件，将冲杆的反弹速度等效加到响应头上去，此时则认为冲杆是相对静止的。m_1 的反弹速度等效到 m_2 上的速度为 $v_2^u = v_{1b}\sqrt{1/r_{2,1}}$，令 m_2 碰撞 m_1 时的等效接触弹簧刚度为 k_2，则碰撞动力学模型如图 5.13 所示。

则碰撞过程中等效接触弹簧产生的力 F 应满足以下弹簧方程：

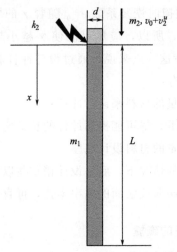

图 5.13 m_2 与 m_1 的等效碰撞动力学模型

$$\frac{\mathrm{d}F}{\mathrm{d}t} = k_2 v_2 - k_2 v_1 \tag{5.78}$$

式中　v_2——响应头碰撞过程中的速度；

　　　v_1——响应头和冲杆碰撞接触面质点的速度。

由应力波理论有：

$$v_1 = \frac{F}{Z} \tag{5.79}$$

根据牛顿第三定律，响应头在此过程中受到的力应等于 F，而对于响应头有：

$$F = -m_2 \frac{\mathrm{d}v_2}{\mathrm{d}t} \tag{5.80}$$

综合以上三式可得：

$$\frac{\mathrm{d}^2 F}{\mathrm{d}t^2} + \frac{k_2}{Z} \times \frac{\mathrm{d}F}{\mathrm{d}t} + \frac{k_2}{m_2} F = 0 \tag{5.81}$$

上式是关于 F 的二阶常微分方程。其初始条件为：$t=0$ 时，$F=0$，$\mathrm{d}F/\mathrm{d}t = k_2(v_0 + v_2^u)$。其解为：

$$F = \frac{k_2(v_0 + v_2^u)}{\sqrt{\omega}} e^{-\frac{k_2}{2Z}t} \sin(\sqrt{\omega}t) \quad \psi > 0.25 \tag{5.82}$$

$$F = \frac{k_2(v_0 + v_2^u)}{\sqrt{-\omega}} e^{-\frac{k_2}{2Z}t} \mathrm{sh}(\sqrt{-\omega}t) \quad \psi < 0.25 \tag{5.83}$$

上式中，ω、ψ 分别由下式计算：

$$\omega = \frac{4k_2 Z^2 - m_2 k_2^2}{4m_2 Z^2} \tag{5.84}$$

$$\psi = \frac{Z^2}{m_2 k_2} \tag{5.85}$$

实际设计时，几乎不太可能刚好满足 $\psi = 0.25$，所以未给出此时的解。同时，当 $\psi < 0.25$ 时，F 恒大于零，即响应头与冲杆碰撞始终保持接触，响应头的大部分能量将传给冲杆，这是冲击机械所希望的，但是本设计所不希望出现的。当 $\psi > 0.25$ 时，F 会出现负值，即表明响应头与冲杆分离，响应头反弹。ψ 越大，响应头传递给冲杆的能量越少，m_2 碰撞 m_1 时的恢复系数就越大，这是本设计所追求的。所以，设计时应保证满足 $\psi > 0.25$ 的条件。

式(5.82) 取得最大值时，时间为：

$$t_{m2} = \frac{\arctan(2Z\sqrt{\omega}/k_2)}{\sqrt{\omega}} \quad \psi > 0.25 \tag{5.86}$$

此时，F 的最大值为：

$$F_{\max} = \frac{k_2(v_0 + v_2^u)}{\sqrt{\omega}} e^{-\frac{k_2}{2Z\sqrt{\omega}}\arctan\left(\frac{2Z\sqrt{\omega}}{k_2}\right)} \sin\left(\arctan\frac{2Z\sqrt{\omega}}{k_2}\right) \psi > 0.25 \tag{5.87}$$

可以认为碰撞过程时间即冲击加速度脉宽为：

$$\tau = 2t_{m2} = \frac{2\arctan(2Z\sqrt{\omega}/k_2)}{\sqrt{\omega}} \tag{5.88}$$

同时得 m_2 碰撞 m_1 过程中碰撞接触面的最大位移可近似为：

$$u_{\max} = \frac{v_0 + v_2^u}{\sqrt{\omega}} e^{-\frac{k_2}{2Z\sqrt{\omega}}\arctan\left(\frac{2Z\sqrt{\omega}}{k_2}\right)} \sin\left(\arctan\frac{2Z\sqrt{\omega}}{k_2}\right) \quad \psi > 0.25 \tag{5.89}$$

综上，在忽略其他形式的能量损失时，m_2 碰撞 m_1 过程中的能量传递效率近似为：

$$\eta_{2,1} = \frac{k_2}{m_2\omega} e^{-\frac{k_2}{Z\sqrt{\omega}}\arctan\left(\frac{2Z\sqrt{\omega}}{k_2}\right)} \sin^2\left(\arctan\frac{2Z\sqrt{\omega}}{k_2}\right) \quad \psi > 0.25 \tag{5.90}$$

类似于冲杆与底座的撞击，m_2 碰撞 m_1 的等效接触弹簧刚度可由下式计算：

$$k_2 = 1.19994(v_0 + v_2^u)^{0.4}\left(\frac{m_2}{r_{2,1}+1}\right)^{0.2}(E^*)^{0.8}R^{0.4} \tag{5.91}$$

式中 　　　　 E^*——由 E_1、E_2、v_1、v_2 按类似于式(5.70) 确定；

E_1、E_2、v_1、v_2——分别为冲杆和响应头材料的杨氏弹性模量和泊松比；

　　　　　　 R——响应头与冲杆碰撞接触面的等效曲率半径，满足 $1/R = 1/R_1' + 1/R_2$，R_1'、R_2 分别为冲杆与响应头碰撞接触面的曲率半径。

所以 m_2 碰撞 m_1 时的恢复系数计算公式可表示为：

$$e_{2,1} = \sqrt{1 - \eta_{2,1}} \qquad (5.92)$$

响应头在与冲杆碰撞后将反向向上运动，在这个过程中，其速度变化量可由下式计算：

$$\Delta v_2 = (v_0 + v_2^u) + v_{2b} = (v_0 + v_2^u)(1 + e_{2,1}) \qquad (5.93)$$

则响应头与冲杆碰撞过程中产生的峰值冲击加速度预测值可用下式计算：

$$a_m = \frac{\Delta v_2}{\tau} = \frac{(v_0 + v_2^u)(1 + e_{2,1})}{\tau} \qquad (5.94)$$

引入比模量（弹性模量与密度之比）后，综合上述分析，在其他条件一样的情况下，冲杆的比模量越大，等效接触弹簧刚度越大，冲击过程所经历的时间越短，恢复系数越小，但冲击加速度越大。基于这一点，要获得更大 g 值的冲击加速度，冲杆应选择比模量大的材料。

对于任意一次碰撞来说，具体情况都是十分复杂的，同时，响应头实际是与波形整形器进行碰撞接触的，等效接触弹簧刚度的计算误差较大。所以，以上的理论分析旨在为高加速度冲击装置的具体设计提供必要的理论依据和应遵循的基本原则。

5.2.3　典型设计

（1）响应头的设计

从以上分析可知响应头的质量越小对提高其速度变化量越是有利。但考虑被测器件的安装问题，其尺寸不可能太小。所以设计的响应头结构如图 5.14 所示。

响应头上表面设计有 4 个 M5 的螺纹孔，用于安装被测器件，也可根据被测器件的实际要求设计所需的安装螺纹孔。

气体溢流槽用于响应头和上座内孔之间的预留空间中空气的溢出。顶针定位孔可以起到固定悬浮顶针的作用。

限位台阶和上盖配合，限制响应头碰撞后的弹出并保证响应头和冲杆向下运动时具有相同的初速度。

M5螺纹孔

限位台阶

气体溢流槽

悬浮顶针定位孔

图 5.14　响应头结构图

响应头用不锈钢材料制造时质量约为 0.224kg，用钛合金制造时的质量约为 0.130kg。

（2）驱动弹簧刚度系数设计

在不计重力的情况下，由能量守恒定律可知，驱动弹簧的最大压缩势能应等于冲杆和响应头获得的最大动能，所以有：

$$\frac{1}{2}KS_{\max}^2 = \frac{1}{2}(m_1 + m_2)v_0^2 \tag{5.95}$$

式中　K——驱动弹簧的刚度系数；

$S_{\max}$——驱动弹簧的最大压缩量，应等于装置的最大冲程长度。

考虑冲杆提升时可以人工手动操作，驱动弹簧压缩量最大时的弹力应满足以下不等式：

$$KS_{\max} < 250 \tag{5.96}$$

于是可得驱动弹簧的刚度系数应小于 384N/m。所以设计的弹簧刚度系数为 350N/m。

（3）冲杆、上座与上盖的设计

由装置的工作原理可知，m_1 应该为冲杆、上座、上盖、波形整形器、悬浮弹簧和悬浮顶针的总质量。由于悬浮顶针、波形整形器和悬浮弹簧的质量相对较小，理论分析时忽略该部分质量，即认为 m_1 为冲杆、上座与上盖的质量和。

m_1 是冲击速度放大器的倒数第二个质量体，其首先和底座发生碰撞，反弹后再和响应头对碰，起着安装驱动弹簧、支撑响应头等作用。设计时除考虑冲击时的强度问题之外，更重要的则是满足驱动弹簧的安装及响应头的支撑问题，同时应考查怎样和驱动弹簧及响应头匹配，以使响应头获得最大的速度变化量。

以钢制响应头为例，在 $r_{2,1} \in [0.02, 0.7]$、$e_{2,1} = e_{1,0} = 0.95$、驱动弹簧刚度系数 $K = 350\text{N/m}$、$S_{\max} = 0.65\text{m}$ 时，初速度、响应头的反弹速度及速度放大系数的关系如图 5.15 所示。

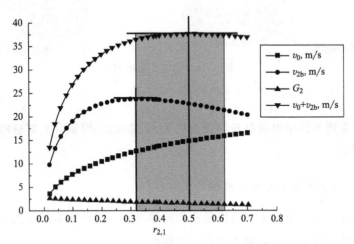

图 5.15   响应头初速度、反弹速度及速度放大系数与 $r_{2,1}$ 的关系曲线

由图 5.15 可得以下结论：

◇ 响应头与驱动弹簧设定的情况下，随着 m_2 与 m_1 的质量比的增大，速度放大系数近似线性减小，所能获得的初速度逐渐增大。

◇ 响应头的反弹速度和速度变化量的变化情况为：质量比 $r_{2,1} = 0.32$ 时，响应头的反弹速度最大，为 23.792m/s，此时的速度放大系数为 1.881，但速度变化量不是最大，为 36.442m/s；而当 $r_{2,1} = 0.5$ 时，虽然响应头的反弹速度不是最大的，但此时初速度的增加量较大，速度变化量达到最大值，为 37.605m/s，速度放大系数为 1.535。

◇ 确定 $r_{2,1}$ 的优化设计空间为 $[0.32, 0.62]$，如图中的阴影部分所示。

以钛合金制造响应头时，同样在 $r_{2,1} \in [0.02, 0.7]$、$e_{2,1} = e_{1,0} = 0.95$、驱动弹簧刚度系数 $K = 350\text{N/m}$、$S_{\max} = 0.65\text{m}$ 的情况下，初速度、响应头的反弹速度及速度放大系数的关系如图 5.16 所示。

由图 5.16 可得以下结论：

◇ 响应头的速度放大系数、反弹速度和速度变化量的变化趋势和钢制响应头的变化趋势一致，说明响应头制造时材料的选择空间比较大。

◇ 响应头与驱动弹簧设定的情况下，质量比在 $r_{2,1} = 0.32$ 时，响应头的

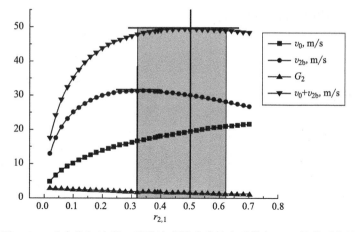

图 5.16　响应头初速度、反弹速度及速度放大系数与 $r_{2,1}$ 的关系曲线

反弹速度最大，为 31.231m/s，速度放大系数仍为 1.881，但速度变化量不是最大，为 47.836m/s。而当 $r_{2,1}=0.5$ 时，虽然响应头的反弹速度不是最大的，但速度变化量达到最大值，为 49.362m/s，此时速度放大系数仍为 1.535。

◇ 确定 $r_{2,1}$ 的优化设计空间仍然为 [0.32，0.62]，如图中的阴影部分所示。

技术参数规定的最大冲程为 650mm，加上驱动弹簧的压紧长度，所以设计冲杆长度为 1m。直径方面，按照一维弹性杆的假设，冲杆的长细比应大于 10。所以，直径的优化设计空间比较大，最大可以接近 100mm。但是，由以上分析可知，$r_{2,1}$ 的优化设计空间为 [0.32，0.62]，即对于钢制响应头，m_1 范围为 0.361~0.700kg，对钛制响应头为 0.210~0.406kg。

上座的结构如图 5.17 所示。

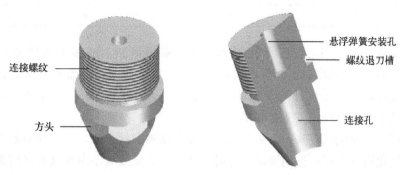

图 5.17　上座结构设计

上盖的结构如图 5.18 所示。

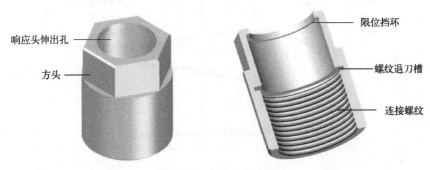

图 5.18　上盖结构设计

在上座和上盖连接过程中，方头可以提供所需上卸扣扭矩。

由冲击实验装置的工作原理看，上座和上盖的功能对材料的强度及硬度要求不高，所以必要时，可以考虑选用低密度、高硬度的非金属材料。

选用不同材料设计时，上座与上盖及根据 m_1 的质量范围对应于不同材质的响应头时冲杆的最大质量计算如表 5.1 所示。

表 5.1　不同材料制造上盖及上座时可设计的冲杆最大质量

材料名称	密度/(kg/m³)	上座质量/kg	上盖质量/kg	冲杆最大质量/kg	
				钢制响应头	钛制响应头
不锈钢	7800	0.634	0.302	−0.236	−0.53
钛合金	4500	0.368	0.176	0.156	−0.138
硬铝合金	2700	0.220	0.105	0.375	0.081
POM(聚甲醛树脂)	1420	0.116	0.055	0.529	0.235
PC(聚碳酸酯)	1200	0.098	0.047	0.555	0.261
PA66(尼龙66)	1140	0.093	0.044	0.563	0.269

由表 5.1 可知，对应于钢制响应头，采用钢制上座和上盖的质量和为 0.936kg，已经超出以上分析得出的 m_1 优化设计空间；上盖和上座的材料为钛合金时，在优化设计空间里的冲杆最大质量为 0.156kg，冲杆设计选材困难；剩下 4 种材料比较适合制造上盖和上座。

对应于钛制响应头，上盖和上座选用不锈钢和钛合金时，冲杆的最大质量超出优化设计空间；选用硬铝合金时，冲杆最大质量太小而导致选材困难。所以，对钢制响应头，上座和上盖的材料选择硬铝合金或者塑料（POM、PC 及

PA66）比较合适；对钛制响应头，上座和上盖的材料只能在 POM、PC 及 PA66 中选择。

钢制响应头对应于不同材质的上座和上盖，选用不同的材料进行设计时所得的冲杆最大直径如表 5.2 所示。钛制响应头对应于不同材质的上座和上盖，选用不同的材料进行设计时所得的冲杆最大直径如表 5.3 所示。

表 5.2　钢制响应头时不同材料长度 1m 情况下可设计的冲杆最大直径

材料名称	弹性模量 /GPa	密度 /(kg/m³)	比模量 /10⁶m	可设计的冲杆最大直径/mm			
				上座和上盖材料			
				硬铝合金	POM	PC	PA66
PA66	8.3	1140	0.74	20.47	24.31	24.90	25.08
PC	2.32	1200	0.20	19.95	23.69	24.27	24.44
POM	2.6	1420	0.19	18.34	21.78	22.31	22.47
AFRP-HM-50-2	77	1390	5.65	18.53	22.01	22.55	22.71
AFRP-Kelvar49	125	1440	8.86	18.21	21.63	22.15	22.31
AFRP-Kelvar149	165	1450	11.61	18.15	21.55	22.08	22.23
CFRP-T300	235	1750	13.70	16.52	19.62	20.09	20.24
CFRP-T800H	300	1810	16.91	16.24	19.29	19.76	19.90
CFRP-M50J	485	1880	26.32	15.94	18.93	19.39	19.53
CFRP-P120	830	2180	38.85	14.80	17.58	18.00	18.13
GFRP-S	84	2490	3.44	13.85	16.45	16.85	16.97
GFRP-E	74	2550	2.96	13.68	16.25	16.65	16.77
硬铝合金	70	2700	2.65	13.30	15.79	16.18	16.29
钛合金	113	4500	2.56	10.30	12.23	12.53	12.62
不锈钢	210	7800	2.75	7.82	9.29	9.52	9.59

表 5.3　钛制响应头时不同材料长度 1m 情况下可设计的冲杆最大直径

材料名称	弹性模量 /GPa	密度 /(kg/m³)	比模量 /10⁶m	可设计的冲杆最大直径/mm		
				上座和上盖材料		
				POM	PC	PA66
PA66	8.3	1140	0.74	16.20	17.07	17.33
PC	2.32	1200	0.20	15.79	16.64	16.89
POM	2.6	1420	0.19	14.52	15.30	15.53

表 5.2 中前 3 种材料为塑料，中间 9 种为具有不同纤维类型的碳纤维杆。可见钛合金或者不锈钢的冲杆直径太小，冲击后容易导致冲杆的横向震颤，不适合作为冲杆材料。

由表 5.1、表 5.2 和表 5.3 分析可知，上座和上盖的材料可以选用 PA66，响应头的材料可选不锈钢或者钛合金，冲杆材料可初选为硬铝合金、POM、PC、PA66 或任意一种碳纤维杆。

为验证冲杆与底座碰撞冲击时的强度，采用能量法对冲杆撞击接触端的最大冲击应力进行分析。由以上分析可知，静止状态下，冲杆下端受到的力为：

$$Q = (m_1 + m_2)g \tag{5.97}$$

此时冲杆的变形为静变形，变形量为：

$$\Delta_{st} = \frac{4QL}{E_1 \pi d^2} \tag{5.98}$$

冲杆下端截面的应力为：

$$\sigma_{st} = \frac{4Q}{\pi d^2} \tag{5.99}$$

由能量法，可计算得到冲杆的冲击动载荷系数为[87]：

$$K_d = 1 + \sqrt{1 + \frac{2T}{Q\Delta_{st}}} \tag{5.100}$$

式中，T 为冲击系统的动能。

其最大值应等于驱动弹簧最大压缩势能，即为：

$$T = \frac{KS_{max}^2}{2} \tag{5.101}$$

综合以上四式可得，冲杆撞击接触端的最大冲击力及冲击应力分别为：

$$Q_{dmax} = K_d Q \tag{5.102}$$

$$\sigma_{dmax} = K_d \sigma_{st} \tag{5.103}$$

在 $m_2 = 0.224$kg，$r_{2,1} \in [0.32, 0.62]$、驱动弹簧刚度系数 $K = 350$N/m、$S_{max} = 0.65$m，上盖上座为 PA66 制造（质量为 0.137kg）时，用 PA66、PC、POM、AFRP-HM-50-2 和 CFRP-T300 等 5 种材料设计冲杆时的冲杆下端冲击接触面的最大冲击应力如图 5.19 所示。

由图 5.19 可知，随着冲杆材料弹性模量的增大，在同样情况下，冲击端面的冲击应力也随之增大。同时可知，同一种材料的冲杆随着 m_2 和 m_1 的质量比的增大，冲杆碰撞接触面的应力也会有所增加，但都满足强度要求。对于 PC 和 POM 材料，其耐冲击性能要比碳纤维杆好得多，且弹性模量比碳纤维

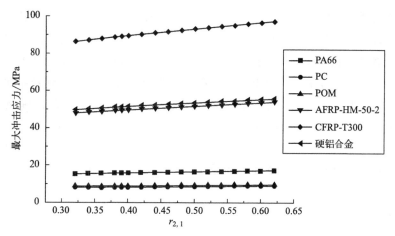

图 5.19　特定情况下不同材料冲杆的最大冲击应力分析

杆小，由上述章节可知，这有利于提高冲杆的反弹速度。

（4）响应头与冲杆对碰的基本条件

为形成响应头与冲杆的对碰情形，应满足两个基本条件，一是响应头与上座之间应有一定的悬浮距离；二是保证冲杆反弹前响应头不与冲杆发生碰撞。所以，响应头的最小悬浮距离应该严格进行设计。这里利用 Hertzian 接触理论进行分析。

运用式(5.5)、式(5.11)、式(5.13)、式(5.70)，冲杆和底座撞击过程所经历的时间为：

$$t_1 = 0.974515(E^*)^{-0.4}R_1^{0.2}v_0^{0.8}\left(\frac{m_0+m_1}{m_0 m_1}\right)^{0.4} \tag{5.104}$$

假设冲杆和底座碰撞过程中，响应头接近冲杆的速度是两者的相对速度，比 v_0 要小，同时设最小悬浮距离为 h_{min}，保守地，响应头接近冲杆所需要的时间用下式估算：

$$t_h = \frac{h_{min}}{v_0} \tag{5.105}$$

所以为形成响应头与冲杆的对碰情形，必须满足以下条件：

$$t_h \geqslant t_1 \tag{5.106}$$

（5）悬浮弹簧的选择原则

为了让响应头和冲杆能形成对碰的情形，光保证悬浮距离是不够的。悬浮弹簧的选择也不能忽视。因为，响应头的悬浮距离是由悬浮弹簧、悬浮顶针和上盖来共同实现的。当响应头悬浮于冲杆上座与上盖的孔中时，悬浮弹簧有一定的压缩量。在响应头与冲杆对碰过程中，悬浮弹簧的压缩量还会进一步增加一个悬浮距离，即响应头在和冲杆对碰之前的下降过程，将受到悬浮弹簧的阻力作用。因此，按照自由下落的最小加速度 9.8m/s^2 计算，悬浮弹簧在最大压缩量时的阻力 F_z 应满足以下关系式：

$$F_z < 9.8m_1 \tag{5.107}$$

上式便是选择悬浮弹簧的基本依据。

5.2.4 理论验证

响应头的材料常用不锈钢材料（1Cr18Ni9Ti），此时，$m_2 = 0.224\text{kg}$，为能利用 Hertzian 接触理论计算等效撞击弹簧刚度，假设响应头与冲杆碰撞接触面的等效曲率半径为 $R = 20\text{mm}$，冲杆与底座的碰撞接触面设为半径 $R_1 = 20\text{mm}$ 的半球面。上座、上盖则选用硬铝合金材料，质量和为 0.349kg。底座质量取 25kg，选择 45 钢，与冲杆碰撞接触面为平面。初速度 v_0 由驱动弹簧最大压缩量时释放的能量产生。冲杆长度为 1m，由于细长杆容易变形，冲杆直径不宜太细，同时考虑冲杆与上座的连接、夹持装置保护壳导向孔尺寸的一致性，因此冲杆直径确定为 20mm。运用上述章节的冲击动力学理论，对材料分别为硬铝合金、POM、PC 及 CFRP-T300 型碳纤维杆的 4 种冲杆进行验证计算。冲杆与底座碰撞的计算结果如表 5.4 所示。

表 5.4 m_1 和 m_0 撞击的理论验证

冲杆材料	比模量 $/10^6\text{m}$	泊松比	v_0 $/(\text{m/s})$	$r_{1,0}$	k_1 $/(10^6\text{N/m})$	γ (<5.68)	$e_{1,0}$	t_1 $/\mu\text{s}$	$h_{\min}$ $/\text{mm}$
CFRP-T300 碳纤维杆	134.29	0.33	11.48	0.07	445.09	0.17	0.91	38.30	0.44
硬铝合金	25.93	0.30	10.20	0.05	254.04	0.09	0.95	44.46	0.45
POM	2.28	0.39	12.60	0.03	103.35	0.01	0.99	193.64	2.45
PC	1.93	0.39	12.48	0.03	125.30	0.01	0.99	198.57	2.48

由表 5.4 可知，采用硬铝合金、POM、PC 及 CFRP-T300 型碳纤维杆等 4 种材料设计冲杆是可以的。值得注意的是，碳纤维杆不具备再加工性，硬铝合金的加工性比其余两种塑料要好，在实验装置实现时应考虑到。同时可知，响应头悬浮最小距离较小，设计时容易实现。

响应头与冲杆碰撞的计算结果如表 5.5 所示。

表 5.5 m_2 和 m_1 撞击的理论验证

冲杆材料	$v_0 + v_2''$ /(m/s)	$r_{2,1}$	k_2 /(10^6N/m)	ψ (>0.25)	$e_{2,1}$	τ /μs	a_m /kg	G_2
CFRP-T300 碳纤维杆	27.82	0.41	476.79	0.38	0.91	46.31	114.60	2.20
硬铝合金	29.14	0.261	275.49	0.30	0.92	58.82	95.10	2.63
POM	28.47	0.63	24.68	0.05	×	×	×	×
PC	28.61	0.593	22.76	0.05	×	×	×	×

从表 5.5 可知,冲杆材料为 POM、PC 塑料时,不满足 $\psi > 0.25$ 的理论要求,不能理论计算冲击加速度脉冲宽度、恢复系数及峰值加速度。对不同的冲杆,在满足 $\psi > 0.25$ 时,等效接触弹簧刚度应分别小于 724.80×10^6 N/m、333.10×10^6 N/m、5.22×10^6 N/m、4.91×10^6 N/m,在响应头确定的情况下,主要靠波形整形器来调整。

按照速度放大系数定义式 $G_2 = v_{2b}/v_0$ 计算,用硬铝合金和 CFRP-T300型碳纤维作冲杆时,响应头获得的速度放大系数分别为 2.20 和 2.63。而按照 Newton's 经典接触理论推导的公式 $G_2 = (1 + e_{1,0})(1 + e_{2,1})/(1 + r_{2,1}) - 1$ 计算时,两者冲杆的速度放大系数分别为 1.59 和 1.97,可见经典理论的局限性。

5.2.5 仿真研究

提取三维模型中参与碰撞的三物体,建立仿真模型如图 5.20 所示。

主要材料及参数:响应头及底座均为 45 钢,密度 7.85×10^6 kg/mm^3,弹性模量 2.5×10^5 MPa,泊松比 0.29,体积模量 1.98×10^5 MPa,剪切模量 9.69×10^4 MPa,屈服强度 5.3×10^2 MPa,切线模量 8.5×10^4 MPa;波形整形器材料为 PC,密度 1.2×10^6 kg/m^3,弹性模量 2.2×10^3 MPa,泊松比 0.39,体积模量 3.33×10^3 MPa,剪切模量 7.91×10^2 MPa,屈服强度 60MPa,切线模量 20.56MPa;冲杆材料为硬铝合金,密度 2.85×10^6 kg/m^3,弹性模量 7.0×10^4 MPa,泊松比 0.33,体积模量 6.86×10^4 MPa,剪切模量 2.63×10^4 MPa,屈服强度 68MPa,切线模量 2.45×10^4 MPa。

接触设置:冲击杆至波形整形器,绑定连接,冲击杆至底座摩擦连接,摩擦系数 0.3,响应头至波形整形器摩擦连接,摩擦系数 0.3。采用八节点六面

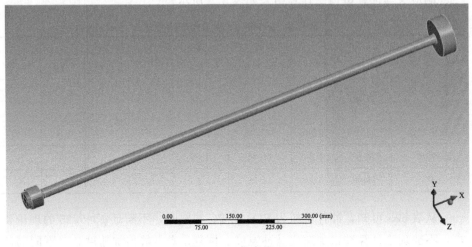

图 5.20 仿真模型

体对三维模型进行网格划分，网格大小为 2mm。网格划分结果如图 5.21、图 5.22 所示。

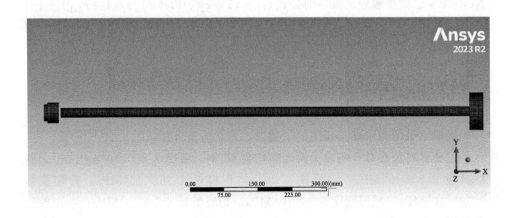

图 5.21 网格整体示意

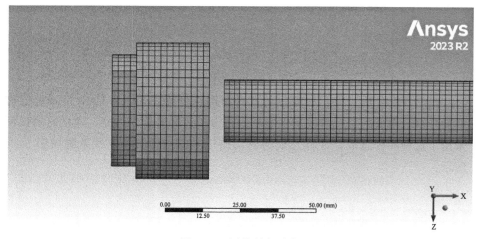

图 5.22　网格局部示意

仿真条件设置。分析时间 0.001s，响应头和冲击杆初始速度 10m/s，底座底面固定支撑，限制波形整形器及冲击杆的 y 和 z 轴的移动。

响应头中心点响应加速度时间曲线如图 5.23 所示。

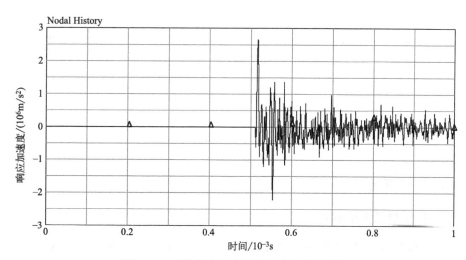

图 5.23　响应头中心点响应加速度时间曲线

由图 5.23 可见，在不滤波的情况，响应头的加速度波形复杂，高频信号明显，峰值可达 26 万 g 值左右，此时的脉冲宽度为 $30\mu s$ 左右。

5.2.6 样机实测

根据上述设计与分析，研制了样机并开展了测试试验。

根据理论分析可知，所使用的四种材料冲杆中，CFRP-T300 型碳纤维材料冲杆组合而成的冲杆总成产生的峰值冲击加速度最高。因此，这里的测试便采用了这种冲杆总成，冲杆总成的驱动使用了驱动弹簧。测试系统如图 5.24 所示。

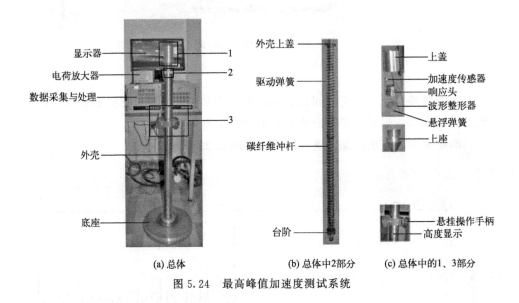

(a) 总体　　　　(b) 总体中2部分　　(c) 总体中的1、3部分

图 5.24　最高峰值加速度测试系统

5.2.7 验证测试

（1）测试系统组成

为验证设计方法的有效性，设计了验证测试，其测试原理如图 5.25 所示。

测试系统由冲击砧、原理样机、B&K 压电式 8309 型高 g 压电加速度传感器及其配套的电荷放大器、数据采集与处理系统及显示器组成。

原理样机冲击产生的加速度信号由压电加速度传感器获得并经电荷放大器放大后由数据采集与处理系统获得冲击加速度时间历程曲线并由显示器显示。

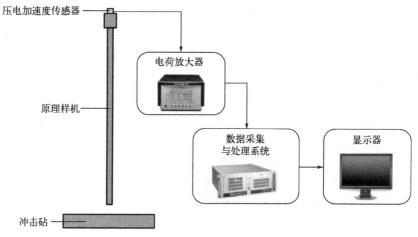

图 5.25　验证测试原理

由此组成的实际测试系统如图 5.26 所示。

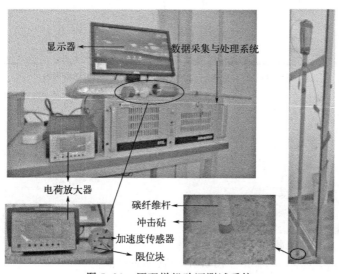

图 5.26　原理样机验证测试系统

　　原理样机加工的零件只包括响应头、悬浮顶针、波形整形器和上座（上座形状和上述设计不同，响应头反弹的限位由上座顶端的限位块和螺栓实现）。悬浮弹簧为外购件，其主要参数为丝径 0.5mm，外径 7mm。冲杆则利用了实验室现有的 CFRP-T300 型碳纤维杆。

碳纤维杆不具有二次加工性能，其与上座的连接只能用环氧树脂胶粘接来实现。为增加粘贴强度，满足冲击要求，在环氧树脂胶中加入了碳纤维粉，以增强其力学性能。环氧树脂与其添加碳纤维后的性能对比如表 5.6 所示[12]。可见添加碳纤维之后的环氧树脂的强度得到了很大程度的提高。

表 5.6　环氧树脂胶与加碳纤维之后的性能对比

材料名称	密度/(kg/m³)	弹性模量/GPa	比模量/10⁶ m
环氧树脂胶	1450	3	2.1
环氧树脂胶＋碳纤维	1600	23	15

碳纤维粉的颗粒大小为 600 目❶。粘贴胶的准备如图 5.27 所示。

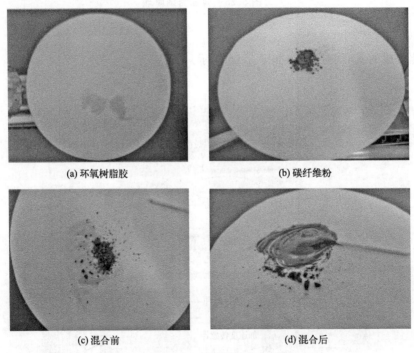

(a) 环氧树脂胶　　　　　　　　　　　(b) 碳纤维粉

(c) 混合前　　　　　　　　　　　　(d) 混合后

图 5.27　粘贴胶的准备

具体做法为：先将环氧树脂胶按比例取适量放于滤纸上，再取碳纤维粉，凭经验，两者的质量比大概为 5：1；搅拌均匀以备粘贴之用。后面章节中碳

---

❶ "目"指每平方英寸的筛孔数，用来表征粉体的粒径。

纤维冲杆与上座的连接及冲杆上台阶的固定均利用该粘贴胶黏结实现。

（2）测试过程与结果

测试时，手持碳纤维冲杆，尽可能垂直地向冲击砧冲击，在冲杆和冲击砧即将碰撞的瞬间释放冲杆，冲杆和冲击砧碰撞后反弹，再用手抓住反弹的冲杆，即可完成一次测试。这里测试时，采集卡的采样频率设置为 100kHz。测试获得的冲击加速度时间历程曲线（未做滤波处理）如图 5.28 所示。

由图 5.28 可知，冲击加速度脉冲有高频干扰信号存在，但脉冲波形均为较规整的半正弦形状，从图 5.28（a）～（e），峰值加速度分别为：26720g、40230g、47260g、58300g 和 62890g。仅靠手动冲击冲杆时，可获得的峰值冲击加速度已超过 60000g 值，这已经超出实验室购买的高加速度冲击实验台

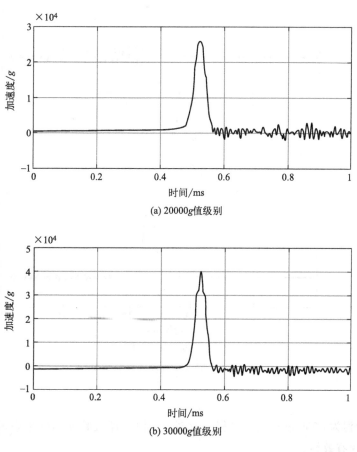

图 5.28

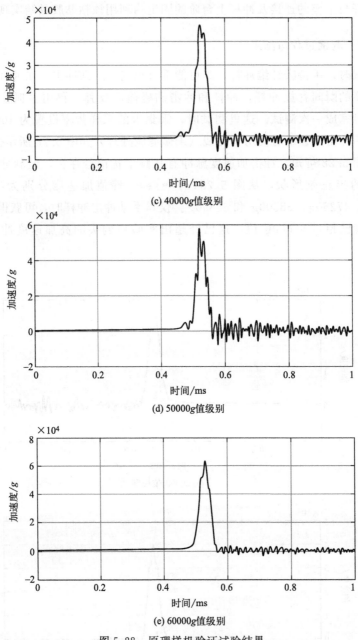

(c) 40000g值级别

(d) 50000g值级别

(e) 60000g值级别

图 5.28　原理样机验证试验结果

（最高量程为 50000g）最高量程一万多 g。原理样机验证测试结果很好地验证了设计的有效性。

① 样机 g 值水平试验　将测试数据经截止频率为 25kHz 的低通滤波处理后得到的最大峰值加速度值为 94080g，脉冲宽度为 53μs，加速度时间历程曲线如图 5.29 所示。

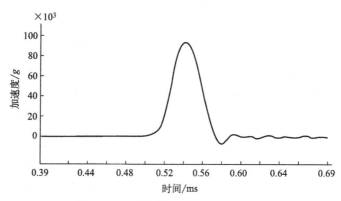

图 5.29　最高峰值加速度时间历程曲线

鉴于 B&K 8309 型压电式加速度传感器的量程为 100000g 值，未做进一步的量程测试。但估计 94080g 并不是该装置的最高冲击加速度量程。

② 重复性试验　重复性被定义为测量值的标准差和平均值的比值，通常用百分数表示。这里的重复性测试是为了考查在一定的悬浮弹簧、波形整形器及冲杆情况时，同一碰撞初速度情况下高加速度冲击加速度脉冲装置产生的冲击加速度脉冲波形参数（峰值加速度和脉冲宽度）的重复程度。

a. CFRP-T300 型碳纤维冲杆。测试时，驱动弹簧的压缩量分别为 360mm、400mm、520mm、560mm 和 640mm，每个压缩量做 5 次测试，分别记录冲击产生的峰值加速度和脉冲宽度。测得的峰值加速度结果如表 5.7 所示，对应的冲击加速度脉冲宽度结果如表 5.8 所示。

表 5.7　峰值冲击加速度重复性（碳纤维冲杆）

驱动弹簧压缩量 /mm	峰值冲击加速度/$10^4 g$					平均值 /$10^4 g$	标准差 /$10^4 g$	重复性 /%
	试验 1	试验 2	试验 3	试验 4	试验 5			
360	3.57	3.69	3.67	3.67	3.65	3.65	0.05	1.37
400	3.95	4.01	4.03	4.05	4.11	4.03	0.06	1.49
520	4.50	4.52	4.55	4.57	4.63	4.55	0.05	1.10
560	5.20	5.23	5.29	5.37	5.40	5.30	0.09	1.70
640	8.84	8.98	9.07	9.29	9.41	9.12	0.23	2.52

表 5.8　对应表 5.7 中每次冲击加速度的脉冲宽度（碳纤维冲杆）

驱动弹簧压缩量 /mm	冲击加速度脉宽/μs					平均值 /μs	标准差 /μs	重复性 /%
	测试 1	测试 2	测试 3	测试 4	测试 5			
360	73.2	69.2	71.2	73.0	66.8	70.68	2.70	3.82
400	66.2	69.9	70.6	70.8	55.7	66.64	6.39	9.59
520	58.7	63.9	68.4	65.4	68.4	64.96	4.01	6.17
560	59.1	64.4	66.5	66.2	64.2	64.08	2.97	4.63
640	59.4	54.3	58.3	56.8	52.9	56.34	2.71	4.81

由表 5.7 可以看出，在每个驱动弹簧压缩量测试下，产生的峰值冲击加速度的重复度都较好，最大不超过 3%。随着驱动弹簧压缩量的增加，获得的冲击加速度也随之增大。Gerard Kelly 等人研制的基于三物体碰撞速度放大器的高加速度冲击试验台在同样冲击速度（3.5m/s）下产生的峰值冲击加速度的标准差为 1.70%，脉冲宽度的标准差为 1.14%[57-60]，但其峰值加速度远不如本书研究的结果。

由表 5.8 可知，CFRP-T300 型碳纤维材料冲杆总成产生的冲击加速度脉冲宽度分布在 50～80μs 之间，重复性较峰值冲击加速度的重复性差，在 3.82%～9.59% 之间。加速度脉冲宽度随着驱动弹簧压缩量的增大，即碰撞初速度的增大而变窄，符合理论分析的变化趋势。从记录的数据看，驱动弹簧压缩量在 400mm 和 520mm 时，有一次的冲击加速度脉冲宽度明显和其余 4 次相差较大，这直接导致了较差的重复性，这些数据在表 5.8 中用方框做出了标记。其实这也再一次证明了任何一次冲击都是非常复杂的事实。

将不同驱动弹簧压缩量下产生的峰值加速度及其对应的脉冲宽度绘制成三维图则如图 5.30 所示。

研究发现，在驱动弹簧压缩量不大及响应头碰撞初速度不大时，产生的峰值冲击加速度与脉冲宽度的变化趋势基本一致，但驱动弹簧压缩量超过 560mm 后，变化趋势发生了改变，整个曲线呈空间螺旋状。

b. 硬铝合金冲杆。在冲杆总成的冲击高度分别为 300mm、400mm、500mm、600mm 和 700mm 的情况下进行 5 次测试，通过截止频率为 25kHz 的低通滤波处理后的峰值冲击加速度及其对应的脉冲宽度分别记录如表 5.9 和表 5.10 所示。

同样将不同自由下落高度下产生的峰值冲击加速度及其对应的脉冲宽度绘制成三维图则如图 5.31 所示。

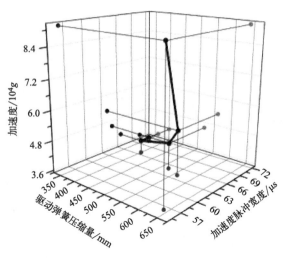

图 5.30　不同驱动弹簧压缩量下产生的峰值冲击
加速度及其脉宽（碳纤维杆）

表 5.9　峰值冲击加速度重复性（硬铝合金冲杆）

自由下落高度 /mm	峰值冲击加速度/$10^4 g$					平均值 /$10^4 g$	标准差 /$10^4 g$	重复性 /%
	试验 1	试验 2	试验 3	试验 4	试验 5			
300	2.13	2.10	2.34	2.32	2.26	2.23	0.11	4.91
400	2.38	2.44	2.37	2.38	2.31	2.38	0.05	1.94
500	2.89	3.04	3.04	3.24	3.11	3.06	0.13	4.15
600	4.31	4.16	3.75	4.20	3.87	4.06	0.24	5.84
700	4.32	4.28	4.52	4.38	4.47	4.39	0.10	2.28

表 5.10　对应表 5.10 中每次冲击加速度的脉冲宽度（硬铝合金冲杆）

自由下落高度 /mm	冲击加速度脉宽/μs					平均值 /μs	标准差 /μs	重复性 /%
	测试 1	测试 2	测试 3	测试 4	测试 5			
300	158	150	150	158	148	153	4.82	3.15
400	134	144	150	140	132	140	7.35	5.25
500	136	128	134	134	120	130	6.54	5.02
600	118	112	120	112	136	120	9.84	8.23
700	136	140	126	131	128	132	5.76	4.36

由表 5.9、表 5.10 及图 5.31 可知，随着自由下落高度的增加，产生的峰值冲击加速度随之增大，脉冲宽度逐渐减小。但在自由下落高度为 700mm

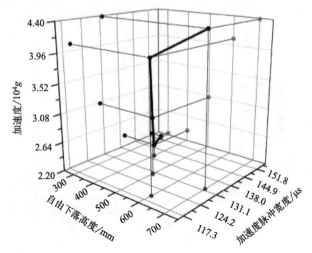

图 5.31　不同自由下落高度下产生的峰值冲击
加速度及其脉宽（硬铝合金杆）

时，出现了不太正常的情况，峰值冲击加速度增大不多，脉冲宽度却变宽了。后来发现，由于连续的冲击测试，上盖和上座之间的连接螺纹有些松动，导致波形整形器未被紧紧地压在上座中，这将导致响应头和波形整形器的碰撞接触面环境的改变，致使测试结果出现异常现象。重复性方面，峰值冲击加速度的重复性在 6％以内，脉冲宽度的重复性在 8.5％以内，表现了较好的重复性，但比使用驱动弹簧驱动时的碳纤维冲杆的重复性差。

5.3　理想和实测脉冲的比较

图 5.32 展示了七次不同测试中测得的加速度的时程曲线，以及与之对应的理想脉冲曲线，这些理想脉冲曲线具有相同的峰值加速度和脉冲持续时间。如图 5.32 所示，测试加速度的时程曲线与理想的半正弦波和修正正弦波脉冲轮廓极为相似，因此难以判断它更接近于哪一种理想脉冲形状。在时域波形分析方面，该实验方法显著表现出其复制理想冲击脉冲的非凡能力，且保真度极高，从而证明了其在实现高精度模拟方面的卓越性能。

　　为了进一步证实这一观点并增强其可信度，接下来将对实测及其对应的理想加速度脉冲的 AASRS 和 PVSRS 曲线进行深入分析。在整体放大因子 $Q=$ 10 的条件下，图 5.33 和图 5.34 展示了在七次不同实验测试中，通过实测加速度获得的 AASRS 和 PVSRS 的比较分析。除了实测的 AASRS 和 PVSRS 外，

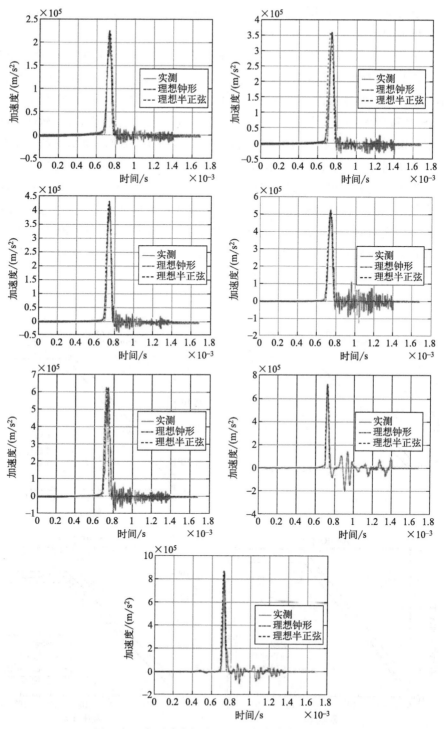

图 5.32　实测冲击加速度和理想脉冲的时域比较

图中还叠加了具有相同峰值加速度值和脉冲持续时间的理想半正弦波和修正正弦波脉冲的相应 AASRS 和 PVSRS。

显然，图 5.33 和图 5.34 清晰地展示了实验测得的加速度信号的 AASRS 和 PVSRS 与理想加速度信号的 AASRS 和 PVSRS 之间惊人的相似性。经过仔细比较，可以明显看出，实测的 AASRS 和 PVSRS 与理想修正正弦波信号的 AASRS 和 PVSRS 更为接近，这表明它们之间具有更高的相似度和一致性。这一观察结果不仅证实了我们实验方法的有效性，也提高了我们分析方法的可靠性。

众所周知，AASRS 在评估承受冲击和振动的机械系统的稳健性和可靠性方面发挥着关键作用。根据严格的行业规定，AASRS 在低频段的斜率以及在整个频率范围内保持的容差，都必须严格遵守相关标准所规定的条款。随后，我们利用实测的 AASRS，在 AASRS 的范围内精确划定了 +6dB 和 −3dB 的容差边界。在低频段，AASRS 的斜率均约为 9dB/oct，这严格符合某些既定标准中规定的 6~12dB/oct 的严格标准。

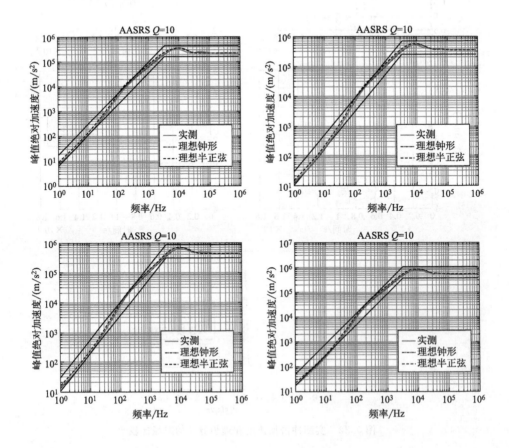

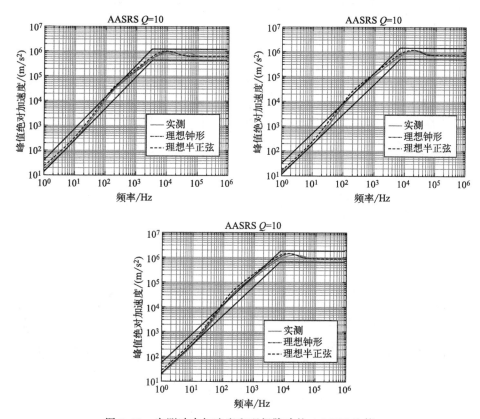

图 5.33　实测冲击加速度和理想脉冲的 AASRS 比较

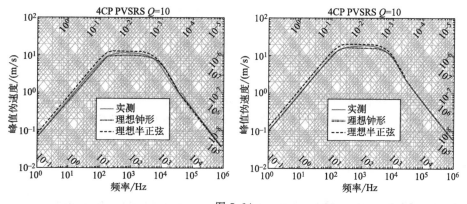

图 5.34

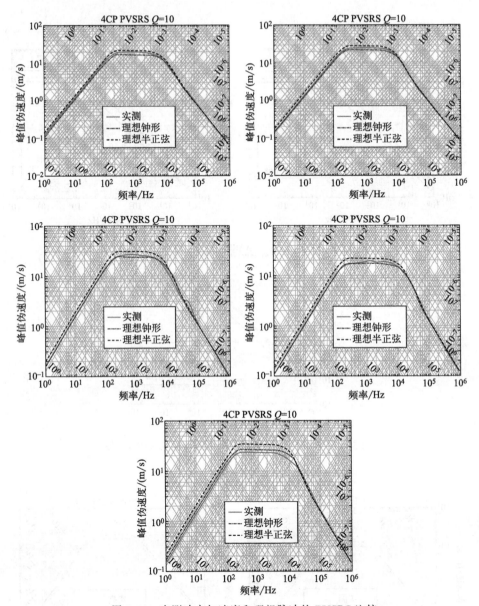

图 5.34　实测冲击加速度和理想脉冲的 PVSRS 比较

5.4　用于高加速度冲击加速度脉冲激励的二级速度放大器

在多年的研究基础上，提出了一种工程易于实现的、用于轻小器件测试的高加速度冲击加速度脉冲激励的二级速度放大器。其结构原理如图 5.35 所示。

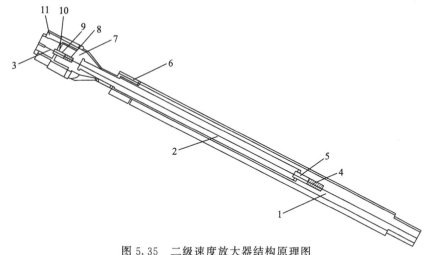

图 5.35　二级速度放大器结构原理图

1—外杆；2—内杆；3—测试头；4—内杆悬浮弹簧；5—内杆悬浮顶针；

6—内杆固定帽；7—内杆上座；8—测试头悬浮弹簧；9—测试头悬浮顶针；

10—波形整形器；11—测试头固定帽

外杆与内杆固定帽螺纹连接，内杆与内杆上座螺纹连接，内杆上座与测试头固定帽螺纹连接。测试头与波形发生器之间的间隙及内杆与外杆内台阶的间隙需要精心设计，测试头悬浮弹簧、内杆悬浮弹簧需要根据 m_2、m_3 的质量大小进行精心设计，以保证下述原理中的 m_1、m_2、m_3 的碰撞先后顺序。

二级速度放大器的工作原理为：

内杆悬浮弹簧、内杆悬浮顶针、测试头悬浮弹簧、测试头悬浮顶针、波形整形器的质量均很小，可忽略不计。外杆、内杆固定帽组成质量块 m_1，内杆、内杆上座、测试头固定帽组成质量块 m_2，测试头及被测件组成质量块 m_3，且保证 $m_1 > m_2 > m_3$。工作时，测试头朝上并使两级速度放大器整体保持垂直状态，在外力驱动下使速度放大器整体获得一个较快的初速度并垂直向下运动，之后外杆下端与固定装置如砧座碰撞，之后 m_1 首先反弹，由于内杆与测试头悬浮支撑，此时 m_2、m_3 会压缩对应的悬浮弹簧继续向下运动。其中 m_2 会先与反弹的 m_1 中的外杆内台阶进行对碰，由于 $m_1 > m_2$，m_2 与 m_1 对碰后，m_2 会向上反弹，且反弹速度比向下运动的初始速度更大，获得一级速度放大。最后 m_2 与仍在向下运动的 m_1 发生对碰，同理由于 $m_2 > m_3$，m_3 与

m_2 对碰后，m_3 会向上反弹，此时，m_3 的反弹速度进一步放大，获得第二次速度放大，即两级速度放大。最终，安装在测试头上的被测件将承受巨大的冲击加速度。

第 6 章

大负载高加速度冲击激励技术

对于质量更大（如数千克甚至上百千克）的系统级被试件，冲击加速度在数百至数千 g、脉宽在毫秒至十几毫秒的高加速度冲击测试技术目前还处于发展之中。因此大载荷高加速度冲击激励技术的研究在不断的发展中。

由第 4 章可知，对于大负载被试件，目前实验室常用的高加速度冲击试验技术有垂直冲击实验台、马歇特锤、气体炮实验装置等，这些技术都是通过将被试件在液压能、弹簧势能、空气压缩势能等驱动力作用下使得两个或两个以上的物体之间产生相互碰撞来获得高加速度冲击测试环境的。以下对气动激励技术在大负载高加速度冲击试验中的应用进行介绍。

6.1　气体炮高加速度冲击激励

气体炮激励技术是在火炮技术的基础上发展而来的。一级气体炮常用高压气体发射模拟弹丸，使弹丸获得高的运动速度，然后使其再与靶板碰撞，从而获得高加速度冲击加速度脉冲试验环境。当试验要求的冲击过载加速度 g 值水平不高时，也经常使用高压空气作为气源，此时也常称为空气炮，因此要注意和现在常用于破拱助流的空气炮的区别；试验要求的 g 值较高时，则采用轻质气体（氦气或氢气）作为气源，此时则常称为一级轻气炮。二级气体炮则是用火炮作为压缩级再加上一级气体炮构成的，以获得更高的模拟弹丸碰撞速度，因此它只使用轻质气体作为工作介质，因此常称为二级轻气炮[88-94]。

以下仅对一级气体炮进行介绍。

6.1.1　一级气体炮组成与原理

如图 6.1 所示是常用的一级气体炮实物，将其简化成如图 6.2 所示的原理框图。由图可知，一级气体炮主要由高压气室、发射管、弹丸、靶室、靶板、速度检测装置、高压气源、发射控制系统等部分组成。试验时，由高压气源向高压气室注入高压气体，当压力达到试验压力后，操作发射控制系统打开快排阀，释放高压气体推动弹丸在发射管中加速运动，最终以一定的速度撞击靶室内的靶板，弹丸及靶板上均可获得高加速度冲击加速度脉冲试验环境。

一般情况下，试验时不希望弹丸发生旋转，因此常用在弹丸上设置防转键及发射管内壁设置键槽的方式，以防止弹丸在加速运动中发生旋转。

图 6.1　一级气体炮高加速度冲击试验装置

6.1.2　一级气体炮关键参数设计与分析

从上节中气体炮的工作原理可知，气体炮用于高加速度冲击加速度脉冲试验，关注焦点参数是弹丸在发射管出口处的速度，这是因为该速度决定着冲击过载环境 g 值水平的高低，一级气体炮也不例外。因此，以下分析均是围绕这个关键参数展开的。

将图 6.2 所示的原理框图转换成参数计算模型如图 6.3 所示。D、L 分别为发射管的内径和长度，m 为弹丸质量，p 为气体压力，v 为弹丸速度。

分析时的基本假设：

高压气体为理想气体，且由于发射过程时间很短，气体与外界来不及热交换，因此认为发射过程为气体绝热膨胀过程。则有：

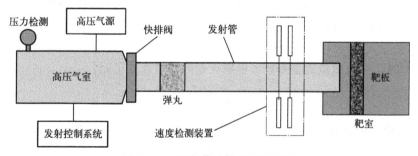

图 6.2　一级气体炮简化原理模型

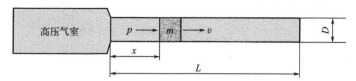

图 6.3　一级气体炮参数计算模型

$$pV = \frac{M}{\mu_g}RT \tag{6.1}$$

式中，R 为气体常数；μ_g 为气体摩尔质量；p、V、M、T 分别为高压气室气体的压力、体积、质量和温度。

当弹丸在发射管的位移为 x 时，气体仍处于密闭空间，直到弹丸全部离开发射管之前，气体与外界之间无热能交换，因此可将该过程视为理想气体绝热膨胀过程，则有：

$$p_0 V_0^\lambda = p(V_0 + Ax)^\lambda \tag{6.2}$$

式中，p_0、V_0 分别为发射前高压气室气体的初始压力和体积；A 为弹丸截面积；λ 为气体绝热指数。

气体炮常用气体的绝热指数和摩尔质量见表 6.1。

表 6.1　气体炮常用气体绝热指数及摩尔质量

气体类型	绝热指数 λ	摩尔质量 μ_g/(kg/mol)
空气	1.400	2.8959×10^{-2}
氦气	1.660	0.4003×10^{-2}
氮气	1.402	2.8100×10^{-2}
氢气	1.410	0.2016×10^{-2}

进一步地，为考虑弹丸发射过程中的能量损失，采用弹丸虚拟质量代替原质量 m 的方法进行考查，虚拟质量计算公式为：

$$m' = \eta m \tag{6.3}$$

式中，η 为虚拟质量系数。根据火炮内弹道理论可知：

$$\eta = K + \frac{1}{3} \times \frac{M}{m} \tag{6.4}$$

式中，K 为经验常数，取值范围一般为 $1.00 \sim 1.10$，通过试验确定。由式(6.1) 可确定发射前高压气体的质量为：

$$M = \frac{p_0 V_0}{R T_0} \mu_g \tag{6.5}$$

由此可得弹丸的运动方程为：

$$\eta m \frac{\mathrm{d}v}{\mathrm{d}t} = pA \tag{6.6}$$

将式(6.2) 代入式(6.6) 可得：

$$\frac{\mathrm{d}v}{\mathrm{d}t} = \frac{A}{\eta m} \times \frac{p_0 V_0^\lambda}{(V_0 + Ax)^\lambda} \tag{6.7}$$

将式(6.7) 变为如下形式：

$$\frac{\mathrm{d}v}{\mathrm{d}x} \times \frac{\mathrm{d}x}{\mathrm{d}t} = \frac{\mathrm{d}v}{\mathrm{d}x}v = \frac{A}{\eta m} \times \frac{p_0 V_0^\lambda}{(V_0 + Ax)^\lambda}$$

则有：

$$v\,\mathrm{d}v = \frac{Ap_0 V_0^\lambda}{\eta m} \times \frac{\mathrm{d}x}{(V_0 + Ax)^\lambda} \tag{6.8}$$

式(6.8) 两端积分可得：

$$\int_0^{v_g} v\,\mathrm{d}v = \frac{Ap_0 V_0^\lambda}{\eta m} \int_0^L \frac{\mathrm{d}x}{(V_0 + Ax)^\lambda} \tag{6.9}$$

式中，v_g 为发射管最右端出口处的弹丸速度，因此可得：

$$v_g = \sqrt{\frac{2p_0 V_0}{\eta m (\lambda - 1)}\left(1 - \frac{V_0^{\lambda-1}}{(V_0 + AL)^{\lambda-1}}\right)} \tag{6.10}$$

弹丸的速度在实际试验时通常通过速度检测系统进行测量。

从式(6.10) 可知，弹丸在发射管出口处的速度主要受高压气室气体参数、发射管参数及弹丸质量的影响。其中高压气室的容积即 V_0、发射管直径 D 与长度 L 为结构参数，一旦气体炮设计制造完成，一般是不能改变的。因此，主要是采用不同压力、不同气体对不同质量弹丸驱动，以实现不同弹丸出口速度，满足不同 g 值水平的冲击过载试验环境。

为弄清诸多参数对弹丸出口速度 v_g 的影响规律，现进行计算分析。

首先分析主要结构参数高压气室容积 V_0、发射管直径 D 和长度 L 的影响。计算所需其他参数见表 6.2 所示。

表 6.2　计算所需常数情况 1

弹丸质量 m/kg		3
经验常数 K		1.03
气体常数 R/[J/(mol·K)]		8.31
气体温度 T/K		300
工作气体——空气	绝热指数 λ	1.4
	摩尔质量 μ_g/(kg/mol)	2.8959×10^{-2}
高压气室气体压力 p_0/MPa		0.8

在表 6.2 所示参数基础上，确定 $L = 3\text{m}$，分析 $V_0 = [0.01，0.05]\text{m}^3$、$D = [0.02，0.155]\text{m}$ 时 v_g 的变化情况如图 6.4 所示。

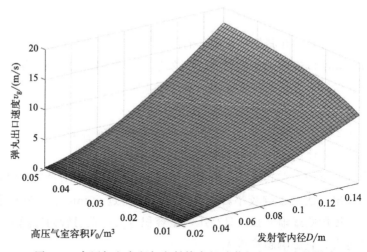

图 6.4　高压气室容积与发射管内径对弹丸出口速度的影响

由图 6.4 可知，在其他参数确定的情况下，当发射管内径较小时，高压气室容积对弹丸出口速度影响较小，当发射管内径大于 50mm 后，高压气室容积对弹丸出口速度影响逐渐变强，且高压气室容积越大，发射管内径越大，弹丸出口速度就越大，且影响趋势增大。

在表 6.2 所示参数基础上，确定 $D = 0.057\text{m}$，分析 $V_0 = [0.01，0.05]\text{m}^3$、

$L = [0.5, 3]$m 时 v_g 的变化情况如图 6.5 所示。

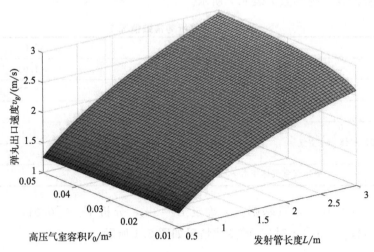

图 6.5　高压气室容积与发射管长度对弹丸出口速度的影响

由图 6.5 可知，在其他参数确定的情况下，当发射管长度较小时，高压气室容积对弹丸出口速度的影响较小，当发射管长度超过 0.75m 后，高压气室容积对弹丸出口速度影响逐渐变强，且高压气室容积越大，发射管越长，弹丸出口速度就越大，但影响趋势变缓。

在表 6.2 所示参数基础上，确定 $V_0 = 0.02$m^3，分析 $D = [0.04, 0.15]$m^3、$L = [0.5, 3]$m 时 v_g 的变化情况如图 6.6 所示。

由图 6.6 可知，在其他参数确定的情况下，当发射管内径较小时，发射管长度对弹丸出口速度影响较小，当发射管内径超过 50mm 后，发射管长度对弹丸出口速度影响逐渐变强，且高压气室容积越大，发射管内径越大，弹丸出口速度就越大，且影响趋势增大。

再分析高压气室气体压力 p_0 与主要结构参数高压气室容积 V_0、发射管直径 D 和长度 L 对 v_g 的影响。除 p_0 外的计算所需其他参数见表 6.2 所示。

确定 $D = 0.057$m、$L = 2$m，分析 $p_0 = [0.1, 0.8]$MPa、$V_0 = [0.01, 0.05]$m^3 时 v_g 的变化情况如图 6.7 所示。

由图 6.7 可知，在其他参数确定的情况下，高压气室容积对弹丸出口速度影响较小，而高压气室气体压力对弹丸出口速度影响较大，随着高压气室容积的增大，高压气室气体压力越大对弹丸出口速度增大效果越明显，影响趋势均

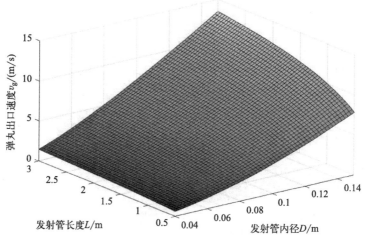

图 6.6　发射管内径与发射管长度对弹丸出口速度的影响

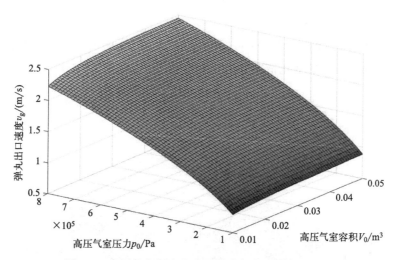

图 6.7　高压气室压力和容积对弹丸出口速度的影响

较为缓慢。

　　确定 $V_0 = 0.0179 \text{m}^3$、$L = 2\text{m}$，分析 $p_0 = [0.1, 0.8]\text{MPa}$、$D = [0.01, 0.15]\text{m}$ 时 v_g 的变化情况如图 6.8 所示。

　　由图 6.8 可知，在其他参数确定的情况下，高压气室压力和发射管内径对弹丸出口速度影响均较大，但随着发射管内径的增大，高压气室气体压力的影响更甚。高压气室气体压力及发射管内径越大，对弹丸出口速度影响就越大，

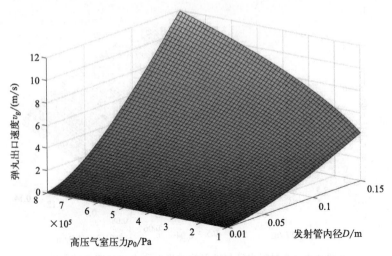

图 6.8 高压气室压力与发射管内径对弹丸出口速度的影响

且影响趋势增大。

确定 $V_0 = 0.0179\mathrm{m}^3$、$D = 0.057\mathrm{m}$，分析 $p_0 = [0.1，0.8]\,\mathrm{MPa}$、$L = [0.5，3]\,\mathrm{m}$ 时 v_g 的变化情况如图 6.9 所示。

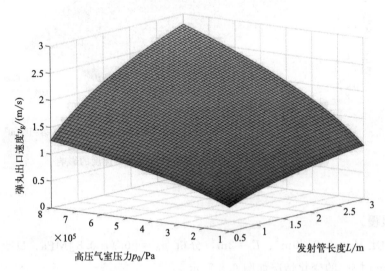

图 6.9 高压气室压力与发射管长度对弹丸出口速度的影响

由图 6.9 可知，在其他参数确定的情况下，高压气室压力和发射管长度对弹丸出口速度影响均较大，高压气室气体压力及发射管长度越大，弹丸出口速度越大，同时对弹丸出口速度影响就越大，但影响趋势变缓。

上述分析发现，凡是发射管容积增大时（内径增大、长度增长或者两者均增大），高压气室初始压力和容积的变化对弹丸出口速度影响更为明显，因此分析高压气室容积与发射管容积之比变化时，弹丸出口速度与高压气室压力之间的变化关系。假设：

$$V_0 = \varepsilon A L \tag{6.11}$$

式中，ε 为容积比例系数。按照高压气室气体压力 p_0 与容积 V_0 分析时的计算参数，只是将式（6.11）作为计算 V_0 的方法进行分析。计算结果如图 6.10 所示。

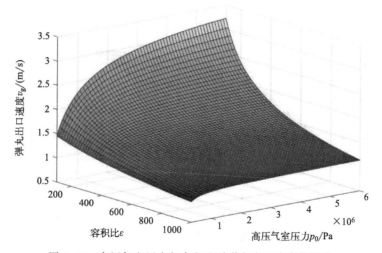

图 6.10　高压气室压力与容积比对弹丸出口速度的影响

由图 6.10 可知，当容积比超过 600、气体压力超过 1MPa 时，气体压力增大对弹丸出口速度的影响并不大，这是设计时的一个重要理论参考。

以上分析可以为一级气体炮的主要参数选择和结构设计提供参考。

其次，考查弹丸质量（即被试件质量）变化与压力之间的关系，这是因为当一级气体炮确定之后，不同质量的弹丸要达到需要的试验 g 值水平，则主要依赖于不同高压气室气体压力来实现。计算所需的共同参数见表 6.3。在 $p_0 = [5, 20]\mathrm{MPa}$、弹丸质量 $m = [0.5, 8]\mathrm{kg}$ 时，弹丸出口速度的影响如图 6.11 所示。

表 6.3　计算所需常数情况 2

经验常数 K		1.03
气体常数 $R/[\mathrm{J}/(\mathrm{mol} \cdot \mathrm{K})]$		8.31
气体温度 T/K		300
高压气室容积 V_0/m^3		0.05
发射管内径 D/m		0.057
发射管长度 L/m		3
气体类型——空气	绝热指数 λ	1.4
	摩尔质量 $\mu_{\mathrm{g}}/(\mathrm{kg}/\mathrm{mol})$	2.8959×10^{-2}

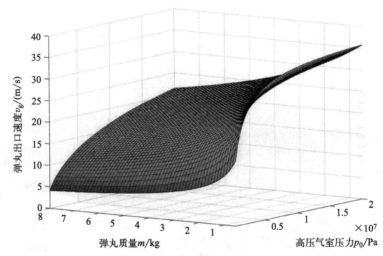

图 6.11　弹丸质量和高压气室压力对弹丸出口速度的影响

由图 6.11 可知，在其他参数确定的情况下，弹丸质量越大，要获得大的出口速度就得增加高压气室压力，如要使质量为 8kg 的弹丸获得 10.91m/s 的出口速度，需要的高压气室压力为 3.805MPa。

最后，在气体参数确定的情况下，分析气体类型对弹丸出口速度的影响。计算所需的共同参数见表 6.4。

表 6.4　计算所需常数情况 3

弹丸质量 m/kg	3
经验常数 K	1.03
气体常数 $R/[\mathrm{J}/(\mathrm{mol} \cdot \mathrm{K})]$	8.31

续表

高压气室容积 V_0/m^3	0.02
气体温度 T/K	300
发射管内径 D/m	0.057
发射管长度 L/m	2

在表 6.4 所示参数基础上，高压气室注入气体为空气、氮气、氦气及氢气时，高压气室气体压力 $p_0=[0.1，0.8]$MPa 对弹丸出口速度的影响如图 6.12 所示。$p_0=[0.1，20]$MPa 对弹丸出口速度的影响如图 6.13 所示。

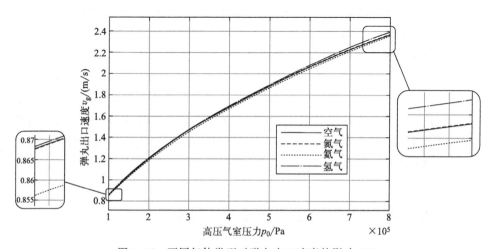

图 6.12　不同气体类型对弹丸出口速度的影响（1）

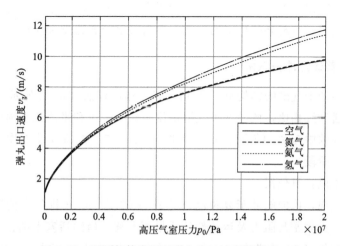

图 6.13　不同气体类型对弹丸出口速度的影响（2）

由图 6.12 可知，在一般空气压缩机提供高压气体的情况下，不同类型气体对弹丸出口速度的影响差别不大，随着压力的增大，轻质气体（氢气和氦气）的优势才逐渐体现出来，如图 6.13 所示，这也是为什么在气体炮用作高速侵彻模拟时选用轻质气体作为工作气体。但是，一级气体炮用作高加速度冲击加速度脉冲试验时，选用空气作为工作气体就能满足大多数试验需求了。

6.1.3　气体炮高加速度冲击激励技术应用特点

该装置能发射的弹丸可具有各种质量、尺寸及材料，形状均为圆柱体形式，不能适用于体积较大结构不规则被测件的高 g 冲击测试试验。产生的高加速度冲击环境的加速度最高可达 150000g，加速度脉冲宽度在 200μs 左右。

气体炮高加速度冲击试验装置由高压气室、发射管、靶室、测量系统等组成。弹体置于发射管内，高压气室中突然释放的高压气体推动弹体加速运动，弹体以一定的速度撞击靶室中的既定目标，产生高加速度冲击环境。该方法所产生的高加速度冲击环境和实际高加速度冲击环境最接近或者几乎一致。由高压气体直接推动弹丸加速运动时称为一级气体炮，当以火炮作为压缩级同时再加上气体炮作为二级加速弹体时称为二级气体炮。

6.2　基于冲击气缸的高加速度垂直冲击激励

6.2.1　冲击气缸原理

冲击气缸把压缩空气的能量转化为活塞、活塞杆高速运动的能量，利用此动能对外做功，实现某些特定的功能。冲击气缸分普通型和快排型两种。

（1）普通型冲击气缸

普通型冲击气缸的结构见图 6.14。其工作过程如图 6.15 所示。

与普通气缸相比，此种冲击气缸增设了储气缸 1 和带流线型喷气口 4 及具有排气孔 3 的中盖 2。结合图 6.14 和图 6.15，其工作原理及工作过程可简述为如下五个阶段。

第一阶段：复位段。

接通气源，换向阀处于复位状态，孔 A 进气，孔 B 排气，活塞 5 在压差的作用下，克服密封阻力及运动部件质量而上移，借助活塞上的密封胶垫封住中盖上的喷气口 4。中盖和活塞之间的环形空间 C 经过排气小孔 3 与大气相通。

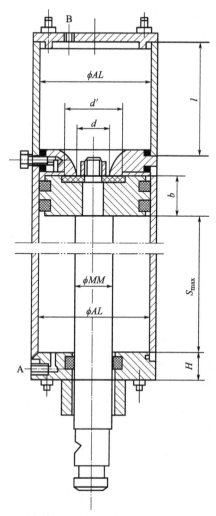

图 6.14　普通型冲击气缸结构图

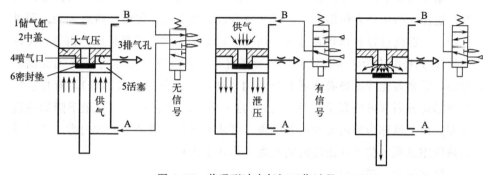

图 6.15　普通型冲击气缸工作过程

最后，活塞有杆腔压力升高至气源压力，储气缸内压力降至大气压力。

第二阶段：储能段。

换向阀换向，B孔进气充入储气缸腔内，A孔排气。由于储气缸腔内压力作用在活塞上的面积只是喷气口4的面积，它比有杆腔压力作用在活塞上的面积要小得多，故只有储气缸内压力上升，有杆腔压力下降，直到下列力平衡方程成立时，活塞才开始移动。

$$\frac{\pi}{4}d^2(p_{30}-1.013\times10^5)+G=\frac{\pi}{4}(D^2-d_1^2)(p_{20}-1.013\times10^5)+F_{f0}$$

(6.12)

式中，d 为中盖喷气口直径；p_{30} 为活塞开始移动瞬时储气缸腔内压力；p_{20} 为活塞开始移动瞬时有杆腔内压力；G 为与活塞固连的所有可动件质量；D 为活塞直径；d_1 为活塞杆直径；F_{f0} 为活塞开始移动瞬时密封摩擦力。

若不计上式中的 G 和 F_{f0}，令 $d=d_1$，$d_1=D/3$，则当满足：

$$p_{20}-1.013\times10^5=\frac{1}{8}(p_{30}-1.013\times10^5)$$

(6.13)

时活塞才开始运动。可见，活塞开始运动时，储气缸腔体和有杆缸腔体的压力差很大，这正是冲击缸和普通气缸的明显区别。

第三阶段：冲击段。

活塞开始移动瞬时，储气缸腔内压力 p_{30} 可认为已达气源压力，同时，容积很小的无杆腔（包括环形空间C）通过排气孔3与大气相通，故无杆腔压力等于大气压力。因为大气压力与气源压力大于临界压力比0.528，所以活塞开始移动后，在最小流通截面处（喷气口与活塞之间的环形面）为声速流动，使无杆腔压力急剧增加，直至与储气缸腔内压力平衡。该平衡压力略低于气源压力。以上可以称为冲击段的第Ⅰ区段。第Ⅰ区段的作用时间极短（只有几毫秒）。在第Ⅰ区段，有杆腔压力变化很小，故第Ⅰ区段末，无杆腔压力（作用在活塞全面积上）比有杆腔压力（作用在活塞杆侧的环状面积上）大得多，活塞在这样大的压差力作用下，获得很高的运动加速度，使活塞高速运动，即进行冲击。在此过程B口仍在进气，储气缸腔至无杆腔已连通且压力相等，可认为储气-无杆腔内为略带充气的绝热膨胀过程。同时有杆腔排气孔A通流面积有限，活塞高速冲击势必造成有杆腔内气体迅速压缩（排气不畅），有杆腔压力会迅速升高（可能高于气源压力），这必将引起活塞减速，直至下降到速度为零。以上可称为冲击段的第Ⅱ区段。可认为第Ⅱ区段的有杆腔内为边排气的绝热压缩过程。整个冲击段时间很短，约几十毫秒。

第四阶段：弹跳段。

在冲击段之后，从能量观点来说，储气缸腔内压力能转化成活塞动能，而活塞的部分动能又转化成有杆腔的压力能，结果造成有杆腔压力比储气-无杆腔压力还高，即形成"气垫"，使活塞产生反向运动，结果又会使储气-无杆腔压力增加，且又大于有杆腔压力。如此便出现活塞在缸体内来回往复运动即弹跳的情况，直至活塞两侧压力差克服不了活塞阻力不能再发生弹跳为止。待有杆腔气体由 A 排空后，活塞便下行至终点。

第五阶段：耗能段。

活塞下行至终点后，如换向阀不及时复位，则储气-无杆腔内会继续充气直至达到气源压力。再复位时，充入的这部分气体又需全部排掉。可见这种充气不能用于做功，故称之为耗能段。实际使用时应避免此段（令换向阀及时换向返回复位段）。

（2）快排型冲击气缸

由上述普通型冲击气缸原理可见，其一部分能量（有时是较大部分能量）被消耗用于克服背压做功，因而冲击能没有充分利用。假如冲击一开始，就让有杆腔气体全排空，即使有杆腔压力降至大气压力，则冲击过程中，可节省大量的能量，而使冲击气缸发挥更大的作用，输出更大的冲击能。这种在冲击过程中，有杆腔压力接近于大气压力的冲击气缸，称为快排型冲击气缸，其结构见图 6.16(a)。

快排型冲击气缸是在普通型冲击气缸的下部增加了"快排机构"。快排机构由快排导向盖 1、快排缸体 4、快排活塞 3、密封胶垫 2 等零件组成。

快排型冲击气缸的气控回路见图 6.16(b)。接通气源，通过阀 F_1 同时向 K_1、K_3 充气，K_2 通大气。阀 F_1 输出口 A 用直管与 K_1 孔连通，而用弯管与 K_3 孔连通，弯管气阻大于直管气阻。这样，压缩空气先经 K_1 使快排活塞 3 推到上边，由快排活塞 3 与密封胶垫 2 一起切断有杆腔与排气口 T 的通道。然后经 K_3 孔向有杆腔进气，储气-无杆腔气体经 K_4 孔通过阀 F_2 排气，则活塞上移。当活塞封住中盖喷气口时，装在锤头上的压块触动推杆 6，切换阀 F_3，发出信号控制阀 F_2 使之切换，这样气源便经阀 F_2 和 K_4 孔向储气腔内充气，一直充至气源压力。

冲击工作开始时，使阀 F_1 切换，则 K_2 进气，K_1 和 K_3 排气，快排活塞下移，有杆腔的压缩空气便通过快排导向盖 1 上的多个圆孔（8 个），再经过快排缸体 4 上的多个方孔 T（10 余个）及 K_3 直接排至大气中。因为上述多个圆孔和方孔的通流面积远远大于 K_3 的通流面积，所以有杆腔的压力可以在极短的时间内降低到接近于大气压力。当降到一定压力时，活塞便开始下移。锤

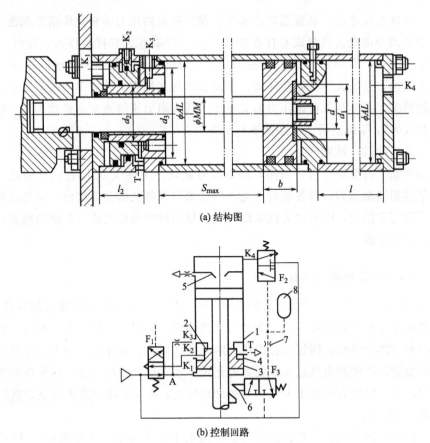

(a) 结构图

(b) 控制回路

图 6.16　快排型冲击气缸结构图

1—快排导向盖；2—密封胶垫；3—快排活塞；4—快排缸体；5—中盖；
6—推杆；7—气阻；8—气容；T—方孔

头上压块便离开行程阀 F_3 的推杆 6，阀 F_3 在弹簧的作用下复位。由于接有气阻 7 和气容 8，阀 F_3 虽然复位，但 F_2 却延时复位，这就保证了储气缸腔内的压缩空气用来完成使活塞迅速向下冲击的工作。否则，若 F_3 复位，F_2 同时复位的话，储气缸腔内压缩空气就会在锤头没有运动到行程终点之前已经通过 K_4 孔和阀 F_2 排气了，所以当锤头开始冲击后，F_2 的复位动作需延时几十毫秒。因所需延时时间不长，冲击缸冲击时间又很短，所以往往不用气阻、气容也可以，只要阀 F_2 的换向时间比冲击时间长就可以了。

在活塞向下冲击的过程中，由于有杆腔气体能充分地被排空，故不存在普通型冲击气缸有杆腔出现的较大背压，因而快排型冲击气缸的冲击能是同尺寸的普通型冲击气缸冲击能的 3～4 倍。

6.2.2　关键参数估算与分析

实践证明，在高加速度冲击激励时，无论是波形整形器还是隔振气囊和阻尼器组成的隔振系统均表现出高度非线性，所以只有充分考虑系统中的非线性特性，才能很好地掌握系统中各因素对冲击加速度波形参数的影响机理，快速准确地进行各种试验，这将在后续章节中进行详细讨论。

但在高加速度冲击试验台设计之初，只要根据试验指标参数的最苛刻要求，即最大负载、最大速度变化量，快速确定试验台的关键参数即可。为简化分析过程，先假设被试件及安装台与砧座碰撞后会反弹，为此建立如图 6.17 所示的经典碰撞模型。

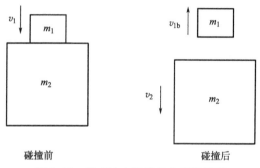

碰撞前　　　　　　　　　碰撞后

图 6.17　垂直冲击激励经典碰撞模型

图 6.17 中所示 v_1 为碰撞初速度，碰撞前，m_2 静止，且通常 m_1 比 m_2 小，其与 m_2 碰撞后会以 v_{1b} 的速度反弹，此时 m_2 获得向下运动速度 v_2。由动量守恒定理可得：

$$m_1 v_1 = m_1 v_{1b} + m_2 v_2 \tag{6.14}$$

根据式(5.46)，可得 m_1 对于 m_2 的速度恢复系数为：

$$e_{1,2} = \frac{v_2 - v_{1b}}{v_1} \tag{6.15}$$

结合式(6.14) 和式(6.15) 可得：

$$v_{1b} = \frac{r_{1,2} - e_{1,2}}{1 + r_{1,2}} v_1 \tag{6.16}$$

式中，$r_{1,2} = m_1/m_2$，为质量比。

忽略摩擦等能量损失，假设 m_1 向下垂直运动的高度为 h，储能弹簧的压缩势能为 E_s 并全部转化成 m_1 的动能，应用叠加原理，v_1 可由下式确定。

$$v_1 = \sqrt{\frac{2E_s}{m_1}} + \sqrt{2gh} \tag{6.17}$$

由此可得 m_1 在碰撞前后的速度变化量为：

$$\Delta v = v_{1b} - v_1 \tag{6.18}$$

取 $e_{1,2} = 0.8$，$r_{1,2} = [0.1, 1]$，$v_1 = [1, 10]$ m/s，取速度向下为正，计算速度变化量如图 6.18 所示。

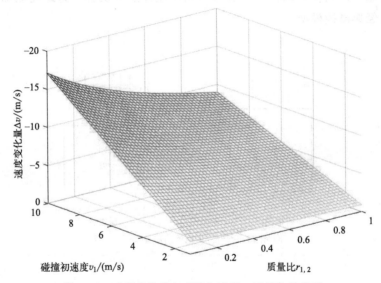

图 6.18 速度变化量与碰撞初速度、质量比的关系

由图 6.18 可知，在其他参数确定的情况下，质量比 $r_{1,2}$ 越小，速度变化量越大。这也是为什么垂直冲击试验台砧座质量设计得较大的原因之一。

按照表 2.2 经典冲击加速度脉冲波形速度变化量计算公式，可知，同样峰值加速度 a_Λ 和脉冲宽度 τ 的情况下，常见冲击加速度脉冲要求的速度变化量为 $\beta a_\Lambda \tau$，β 为波形速度系数（见表 6.5）。

表 6.5 常见冲击加速度脉冲速度系数

脉冲波形	β
半正弦	$\dfrac{2}{\pi}$

脉冲波形	β
钟形	0.5
三角形	0.5
前锋锯齿	0.5
后峰锯齿	0.5
矩形	1

再综合式(6.16)~式(6.18)，可得到垂直冲击试验台关键参数的综合设计公式为：

$$\beta a_{\Lambda} \tau = \left| \frac{r_{1,2} - e_{1,2}}{1 + r_{1,2}} - 1 \right| \left(\sqrt{\frac{2E_s}{m_1}} + \sqrt{2gh} \right) \tag{6.19}$$

式(6.19)左侧为试验指标要求（峰值加速度、脉冲宽度、加速度脉冲波形），右侧为垂直冲击试验台的结构参数（包含了被试件质量），$r_{1,2}$ 即 m_1、m_2 和 h 决定着试验台结构尺寸及质量。

根据工程设计及实验室条件，h 取值是有限的，一般情况下可设计成 1.5m。因此，比如试验需要负载 50kg、峰值加速度 3000g、脉冲宽度 1ms 时，根据工程设计，工作台面的质量大致为 100kg，这样 $m_1 = 150$kg，$r_{1,2} = 0.1$，则 $m_2 = 1500$kg，则储能弹簧的势能大约为 8335J，再根据结构设计弹簧的设计方法，即可确定冲击试验台的所有关键参数。

6.2.3 基于气缸的气动高加速度冲击激励

在垂直冲击高加速度激励技术中，也偶见有利用普通气缸或者冲击气缸的高压空气对被试件进行加速并形成碰撞而获得高加速度冲击试验环境的。

如图 6.19 所示的是利用普通气缸的气动高加速度冲击激励技术的三维模型。

该技术可以利用气缸进行自动提升，当提升至设定高度后制动气缸组制动悬停，待气缸内部活塞以上部分充满高压气体后，制动气缸组释放工作台面组合，高压气体驱动活塞带动工作台面组合向下加速运动并和砧座发生碰撞，以此在工作台面获得高 g 加速度冲击过载试验环境。该技术由于利用普通气缸（储气部分和冲击行程部分等直径），因此活塞密封要求很高，这样工作台面组合向下运动时能量损失非常严重，同时制动悬停时制动力要求也非常大，因此需要制动气缸组来实现制动悬停。因此该激励技术的试验效果一般。

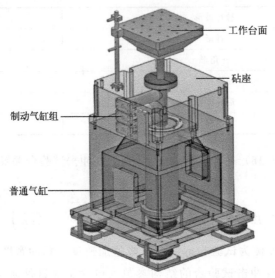

图 6.19　基于普通气缸的气动垂直冲击激励技术三维模型图

　　基于以上分析，提出了如图 6.20 所示的基于冲击气缸原理的气动垂直高加速度冲击激励技术。

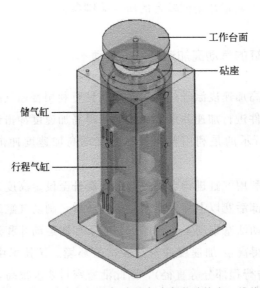

图 6.20　基于冲击气缸的气动垂直冲击激励技术三维模型图

　　该技术的最大改进之处是基于冲击缸的原理,将储气缸和行程缸分开。储气缸喷口尺寸小于行程缸的尺寸,制定悬停系统要求的制动力大大降低,实现结构变得较为简单。另外,高压气体的密封从环形密封变为端面密封,因此行程缸的活塞不需要严格的密封要求,工作台面组合向下加速运动的能力损耗可以降低到最小,这有利于冲击加速度的提高。

　　上述两种技术中,通常以普通工业空压机作为气源,高压气体的工作压力一般最高到 0.85MPa,且储存气体的体积有限。也就是说通过高压气体对被试件进行加速的能量是有限的,高加速度冲击加速度脉冲试验的适用范围有限。因此,对于被试件质量和 g 值水平有更高要求时,应寻求更为灵活的激励技术。

6.3　空气炮技术

　　本节所述的空气炮是如图 6.21 所示的用于破拱助流的空气炮,要注意不能与 6.1 节所述的气体炮技术相混淆。

图 6.21　破拱助流用空气炮

空气炮原本是防止和消除各种类型料仓、料斗、管道分叉处的物料起拱、堵塞、粘壁、滞留等现象的专用装置，适用于各种钢制、混凝土以及其他材料制成的筒式料仓、料斗、管道和平底堆料。空气炮广泛地应用于火力发电厂、煤矿及井下煤仓、洗煤厂、水泥厂、混凝土加工厂、铸造厂、化肥厂、焦化厂、煤气厂、化工厂、铝厂、碱厂、钢铁厂、矿山、码头、饲料加工厂、制药厂等重要贮运散装物料的场合。可见空气炮的应用非常广泛，在工业生产中有非常重要的作用。

本书为何选用空气炮技术作为高加速度冲击过载环境的激励技术呢？且看其工作原理及其特点。

6.3.1 空气炮的工作原理

在国家安全生产监督管理总局发布的中华人民共和国煤炭行业标准《散装物料仓破拱空气炮技术条件》（MT 1122—2011）中描述，空气炮包含 A 型（轴向结构）、B 型（径向结构）和 C 型（端部结构）三种，如图 6.22 所示。

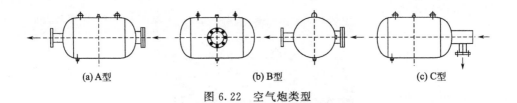

| (a) A型 | (b) B型 | (c) C型 |

图 6.22　空气炮类型

无论哪种类型空气炮，其工作原理是一致的。以 C 型为例，说明其组成及工作原理。

空气炮的机械核心组成如图 6.23 所示，主要包括：罐体、三通电磁阀、活塞弹簧组成的快排阀门、喷管等。罐体用于存储高压气体，活塞及弹簧组件用于控制气体进气通道和释放排气通道，三通电磁阀用于进气控制及释放控制，喷管用于喷射高压气流，其工作过载如图 6.24 所示，分为未充气、充气、充满气、释放过程等四个阶段。

未充气时，活塞在弹簧弹性力作用下密封罐体与喷管之间的通道而打开充气进气通道。

充气时，三通电磁阀进气口导通，由气源向空气炮罐体充气，待罐体中气体压力达到设定值时，三通电磁阀进气口关闭，空气炮充满高压气体。释放

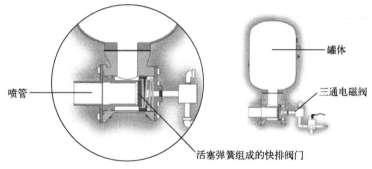

图 6.23　空气炮机械组成

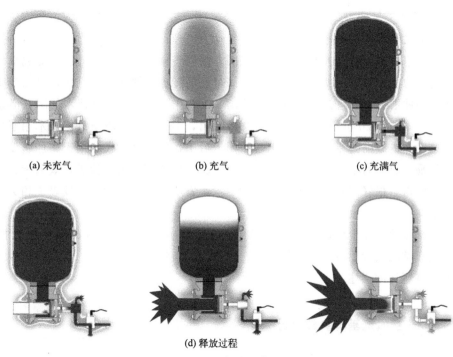

(a) 未充气　　　　　　　(b) 充气　　　　　　　(c) 充满气

(d) 释放过程

图 6.24　空气炮工作过程

时，控制电磁阀快排通道开启，使得活塞一侧与大气相通，罐体内高压气体推动活塞移动，罐体与喷管导通，实现高速气流喷射。

《散装物料仓破拱空气炮技术条件》中给出的空气炮基本参数如表 6.6 所示。

表 6.6 空气炮基本参数

罐体公称容积 /L	喷管通径 /mm	公称内径 /mm	设计压力 /MPa	工作压力范围 /MPa	喷射气体对外做功 /J
35	50	300			11358~31211
50	50	300			16226~44588
75	80	400			24338~66881
100	80	400	0.85	0.4~0.8	32451~89175
150	100	500			48667~133762
200	100	500			64903~178350
300	100	600			97354~267525
500	125	700			162257~445875

可见空气炮的工作原理是利用空气动力原理，以空气为工作介质，由活塞及弹簧组件和可自动控制的三通电磁阀，瞬间将罐体中空气压力能转变成空气射流动力能，射流速度可超过声速，该过程的特点是爆炸能量巨大，可以产生强大的冲击力，而且是一种安全、清洁、无污染、低耗能、低成本的瞬态激励技术，国外在 20 世纪 80 年代已有文献载出，但国内鲜有将空气炮技术用于高加速度冲击激励的专门报道。笔者在博士后工作期间将此技术用于高加速度冲击激励，成功为工作站所在企业改造了一款高加速度冲击试验机，效果十分明显，取得了很好结果。相关技术成功申报了发明专利，技术成果发表了相关学术论文。

基于此，完全可以将空气炮技术借用至高 g 冲击过载试验的激励技术中，只是在结构实现上应进行新的设计，以适应冲击试验技术需求，这将在后续章节中进行详细描述。

6.3.2 空气炮基本参数分析

作为用于破拱助流的空气炮，其性能参数最为重要的是喷出气流的最大冲击力及冲量。研究表明空气炮爆炸释放的高速气流的冲击力大小及冲量与罐体容积、工作气体压力、快排阀门及喷管的设计有关。

分析的基本假设：

◇ 因为空气炮释放过程时间非常短，来不及与外界进行热交换，可认为是理想气体绝热膨胀过程；

◇ 假设空气炮喷射过程满足一维稳定流、等熵流动条件。

在以上假设下，空气炮喷射过程满足式(6.1)，对于绝热过程有：

$$pV^{\lambda} = C \tag{6.20}$$

式中，p 为气体压力；V 为气体体积；λ 为气体绝热指数；C 为常数。

该过程气体对外做功为：

$$W = -\int_{V_0}^{V_e} p\,\mathrm{d}V = -\int_{V_0}^{V_e} \frac{C}{V^{\lambda}}\,\mathrm{d}V \tag{6.21}$$

经整理可得：

$$W = \frac{p_0 V_0}{\lambda - 1}\left[(p_e/p_0)^{(\lambda-1/\lambda)} - 1\right] \tag{6.22}$$

式中，p_0、V_0 分别为罐体中气体释放前的气体压力和体积；p_e、V_e 分别为罐体中气体释放后的气体压力和体积。

空气炮工作气体一般为空气，则 $\lambda = 1.4$，释放时直接将空气喷入大气时，$p_e = 0.1\mathrm{MPa}$，其对外做功与气体释放前体积、压力（$0.2 \sim 0.8\mathrm{MPa}$）之间的关系如图 6.25 所示。表 6.6 中喷射气体对外做功的数值计算公式便是基于式（6.22）和这里的常数的。

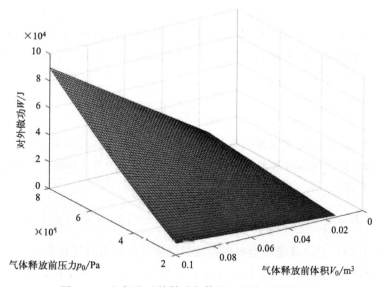

图 6.25　空气炮对外做功与体积、压力之间的关系

由图 6.25 可见空气炮释放时喷射气体对外做功是巨大的，并随着罐体容积和气体压力的增大而增大。

若空气炮的结构允许使用拉瓦尔喷管时，喷管内外的临界压力比为：

$$P_c = \left(\frac{2}{\lambda+1}\right)^{\lambda/(1-\lambda)} \tag{6.23}$$

工作气体为空气时，临界压力比为 $P_c = 1.894$，喷管喷射的流体将形成超声速气流，此时喷射气体的马赫数为：

$$Ma = \sqrt{\frac{2\left[\left(\frac{p_0}{p_e}\right)^{(\lambda-1)/\lambda}-1\right]}{\lambda-1}} \tag{6.24}$$

可见，若空气炮结构允许使用拉瓦尔喷管、工作气体为空气、直接喷入大气时，大气压力取 0.1MPa，则只要气体工作压力超过 0.19MPa 时，便可形成超声速喷射气流。由流体力学知识可知，此时喷射气流的冲击力为：

$$F = [\rho_e v_e^2 + (p_0 - p_e)]A_v \tag{6.25}$$

式中，ρ_e 为罐体释放气体在空气中的密度；v_e 为喷射气流速度；A_v 为空气炮快排阀活塞密封喷管口的截面积。

在喷射过程为等熵流动过程时，有能量方程：

$$\frac{\lambda}{\lambda-1} \times \frac{P_0}{\rho_0} + \frac{1}{2g}v_0^2 = \frac{\lambda}{\lambda-1} \times \frac{P_e}{\rho_e} + \frac{1}{2g}v_e^2 \tag{6.26}$$

式中，v_0、ρ_0 分别为罐体中气体释放前的气体的流动速度和密度；v_e、ρ_e 分别为罐体中气体释放到大气后气体的流动速度和密度；g 为重力加速度。

在上述假设下还有：

$$\frac{p_0}{p_e} = \left(\frac{\rho_0}{\rho_e}\right)^\lambda \tag{6.27}$$

式中，ρ_0、ρ_e 分别为罐体气体释放前气体的密度和释放到大气后的密度。

因为罐体中气体释放前气体的流动速度应为 $v_0 = 0$，再综合式(6.25)~式(6.27) 可得：

$$F = \left\{\frac{2g\lambda}{\lambda-1}p_e\left(\frac{p_0}{p_e}\right)^{-1/\lambda}\left[\left(\frac{p_0}{p_e}\right)^{(\lambda-1)/\lambda}-1\right]+(p_0-p_e)\right\}A_v \tag{6.28}$$

式(6.28)是计算能产生超声速喷射气体时的冲击力计算公式。

实际使用的空气炮为了简化加工，喷管通常为等直径结构，而且在快排阀活塞开启过程中，气体状态过程更为复杂，喷射气体状态变化是从低速、声速到超高声速的可压和不可压流动，用 Navier-Stokes 方程组求解三维黏性流场数值。相关理论公式不在此进行阐述。本书只给出一些试验结果和相关定性分析结果。

实测空气炮喷管喷射气流如图 6.26 所示。

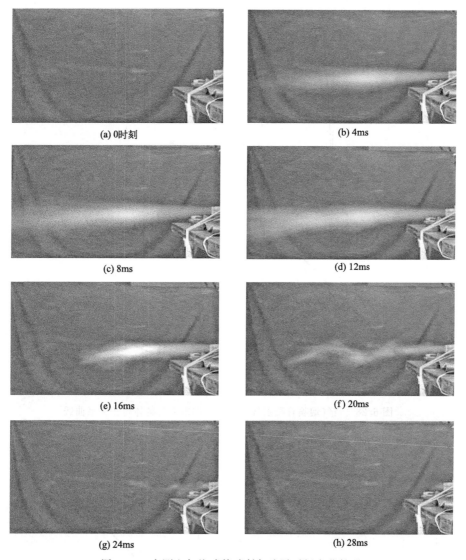

(a) 0时刻

(b) 4ms

(c) 8ms

(d) 12ms

(e) 16ms

(f) 20ms

(g) 24ms

(h) 28ms

图 6.26 实测空气炮喷管喷射气流随时间变化情况

　　由图 6.26 可知，空气炮的释放喷射过程大约需要 28ms，气流速度最大在 8ms 左右。该过程中喷射气流的冲击力大小随时间的变化规律如图 6.27 所示。

　　空气炮释放的喷射气流冲量、冲击力与罐体体积及压力之间的定性关系如图 6.28、图 6.29 所示。

　　由图 6.28 可知，空气炮释放的喷射气流冲量随罐体容积呈线性增加，而冲击力则没有线性关系，增加缓慢。由图 6.29 可知，空气炮释放的喷射气流

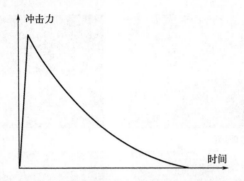

图 6.27　空气炮喷管喷射气流冲击力变化定性曲线

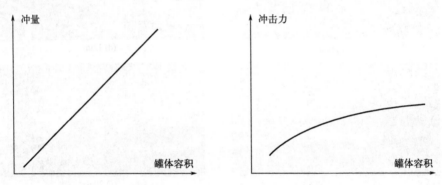

图 6.28　空气炮喷管喷射气流冲量、冲击力与罐体容积关系曲线

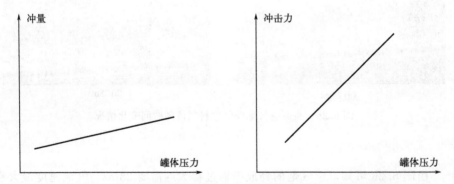

图 6.29　空气炮喷管喷射气流冲量、冲击力与罐体压力关系曲线

冲量和冲击力随罐体压力呈线性增加，但冲量随压力的增加速度要比冲击力随压力的增加速度小。

6.3.3　空气炮快排阀门

空气炮的快排阀门决定了空气炮喷射气流的最大冲击力。高效的阀门设计产生更强的喷射冲击力。阀门设计一般，排放力也很一般。阀门效率取决于其打开速度，打开速度越快阀门效率越高。空气炮常用快排阀门主要有活塞弹簧型和皮碗型。以 A 型空气炮为例，活塞弹簧式快排阀如图 6.30 所示。

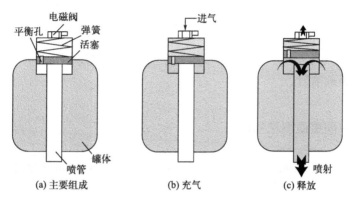

图 6.30　空气炮活塞弹簧快排阀原理框图

活塞弹簧式快排阀关键组成部分包括活塞、弹簧、电磁阀，活塞上设置有平衡孔，平衡孔应比电磁阀通径要小得多。图 6.30 所示的空气炮快排阀弹簧处于活塞上方，这样的设计能保证在释放喷射前活塞将喷管上端密封。平衡孔将罐体和活塞上表面空间联通，进气随平衡孔到达罐体中，罐体中压力到达设置压力后，电磁阀快排口打开，使得活塞上表面空间与大气相通，压力骤减，因为平衡孔比电磁阀通径小得多，活塞受力失去平衡，在罐体高压作用下快速上移，罐体与喷管通道联通，完成释放喷射。

如图 6.31 所示是皮碗型快排阀原理框图，其关键组成部分有电磁阀和皮碗，皮碗是采用橡胶制作的，具有弹性，皮碗上也设置有平衡孔。

皮碗具有弹性，充气前，其下端面直接将喷管上端面密封。充气时，气体经平衡孔进入罐体中，罐体中压力到达设置压力后，电磁阀快排口打开，使得皮碗上表面空间与大气相通，压力骤减，因为平衡孔比电磁阀通径小得多，皮碗受力失去平衡，在罐体高压作用下皮碗向上凹陷变形，罐体与喷管通道联

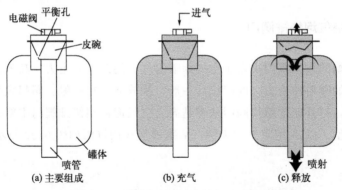

图 6.31　空气炮皮碗型快排阀原理框图

通,完成释放喷射。

6.3.4　中间贯通型空气炮

如图 6.32~图 6.34 所示是一种中间贯通性空气炮技术原理图。

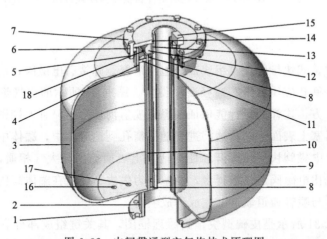

图 6.32　中间贯通型空气炮技术原理图

1—固定法兰；2—固定支座；3—储气罐；4—控制管；5—螺栓组合；6—控制管连接法兰；

7—密封法兰；8—贯通管支架；9—贯通管；10—喷管；11—喷管支架；12—皮碗；

13—套筒；14—密封圈；15—快放电磁阀；16—进气孔；17—压力传感器安装孔；18—气压平衡孔

图 6.33 和图 6.34 同

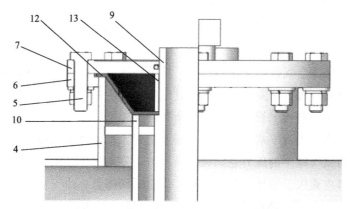

图 6.33　中间贯通型空气炮技术局部图

图 6.34　中间贯通型空气炮技术中间通孔皮碗

固定法兰 1 与固定支座 2 下端面焊接固定，固定支座 2 上端面与储气罐下端面焊接固定。储气罐 3 上端面与控制管 4 焊接固定，控制管 4 上端面与控制管连接法兰 6 焊接固定。喷管 10 下端面与储气罐 3 下端面的孔焊接固定，喷管 10 上部通过喷管支架 11 与控制管 4 内壁焊接固定。贯通管 9 上、下部位通过贯通管支架 8 与喷管 10 焊接固定。贯通管 9 上部设置有台阶，次台阶与喷管 10 上端面处于同一平面。皮碗 12 底部置于贯通管 9 设置的台阶及喷管 10 的上端面，套筒 13 套在贯通管 9 上部并压住皮碗 12 底部，皮碗 12 顶部置于控制管连接法兰 6 端面设置的密封平面，密封圈 14 置于密封法兰 7 设置的密封槽中，密封法兰 7 设置的孔穿过贯通管 9 上部并通过螺栓组合 5 与控制管连接法兰固定，密封法兰 7 同时实现对皮碗 12 和套筒 13 的固定。快排电磁阀 15 与密封法兰 7 上设置的孔连接固定。进气孔 16 用于连接进气管道，压力传感器安装孔 17 用于连接固定压力传感器。固定支座 2、控制管

4、密封法兰 7 设置的孔、贯通管 9、喷管 10 尽可能要求同轴。固定法兰 1 用于与其他专门设计的结构进行连接固定，贯通管 9 用于其他专门设计的轴的穿过和移动。

中间贯通性空气炮的工作原理为：将进气管道与进气孔连接，将压力传感器与快放电磁阀按要求安装；关闭快放电磁阀，由进气孔向储气罐中逐渐注入高压气体，因为皮碗上设置有气压平衡孔，皮碗上、下腔体中压力一致，则在高压气体作用下皮碗下端面将喷管上端面密封，形成高压密闭空间；当压力传感器测得的储气罐中的压力达到设定压力后，停止气体注入；控制快排电磁阀打开，使得皮碗以上腔体与外界联通，压力瞬间降低，由于皮碗上的气压平衡孔直径很小，皮碗下部腔体的高压气体来不及从气压平衡孔穿过，使得皮碗上、下两部分腔体压力失去平衡，因此皮碗下部腔体的高压气体瞬间将皮碗向上挤压变形，使得喷管上端面失去密封作用，储气罐中的高压气体则快速从喷管与贯通管之间的空间喷出。结合专门设计的冲击缸、活塞及连接活塞的轴，该轴可以从贯通管中穿过，轴的上端可以设计专用结构用以安装被试对象，利用上述快速喷出的高压气体，驱动活塞、轴及与轴连接的专用结构与被试对象，在短时间和短行程内获得较大的速度，以此碰撞专门设计的砧座，即可实现高加速度冲击力学环境的激励。

6.4 基于空气炮的高加速度冲击激励

由上述可知，空气炮释放喷射过程速度很快，释放的量值巨大，当罐体内的高压空气压力与释放后空气的压力比超过 1.89 后，射流速度可超过声速，冲击力巨大。因此，利用空气炮实现高加速度冲击激励是可行的。

因此，提出基于空气炮的高加速度冲击激励方案如图 6.35 所示。

其工作过载如下：

首先给隔振气囊充气，同时给密封气囊充气，使得活塞以下部分形成密封腔体；通过定高机构设定工作台面被提升的高度；向活塞以下密封腔体充气，提升工作台面总成至设定高度后停止充气；给制动机构的气缸充气，将工作台面总成固定在设定的工作高度；给空气炮充气，当空气炮内的空气压力达到设定压力时，停止充气；密封气囊排气，使得活塞以下腔体与大气相通，使冲击缸背压与大气压相同；空气炮释放电磁阀得电，释放空气炮内的高压空气，形成的高速射流作用在活塞上，推动工作台面总成加速向下运动，最终工作台面的下端面与砧座发生碰撞以产生高加速度冲击过载环境。

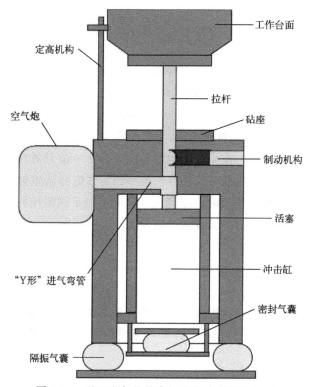

图 6.35　基于空气炮的高加速度冲击激励方案

　　为尽可能使喷射出的气流均匀作用在活塞的上表面，采用具有 90°弯头的"Y 形"进气管对气流进行引导，形成左右对称的进气通道，但这将带来一定量的能量损耗。"Y 形"进气弯管三个分叉的内径相同。

　　由于负载大，冲击加速度高，工作台面与砧座碰撞时的能量非常大，因此利用四个隔振气囊（空气弹簧）对砧座进行减振缓冲，保证试验台在常规实验室环境下可以进行试验而不损坏室内地面。

　　该方案具有以下两大优点：

　　◇ 驱动活塞与气缸之间密封要求低，制动悬停即刹车系统只需夹持负载及台面总成的质量，结构大大简化，摩阻可忽略，试验的碰撞初速度增大；

　　◇ 空气炮释放高速气流能量大，且可通过其体积和气体压力大小来获得不同的激励能量，因此可根据被测件质量大小和冲击 g 值水平大小进行选配，灵活方便。

6.4.1 驱动能量估算

以半正弦脉冲波形为例,特定峰值加速度及脉宽对应的理论速度变化量按 2.3.1 节表 2.2 计算。在此,以冲击峰值加速度为 3000g、脉宽为 1ms 计算其碰撞所需的速度变化量约为 19.1m/s,即被测件及工作台面等的碰撞初速度应该在 10m/s 左右。以最大负载 50kg 计算,加之工作台面等的质量,保守地,在忽略重力作用情况下,按需要驱动的总质量为 200kg 计算所需的能量大约为 10000J。从表 6.6 中的数据可见,容积最小的空气炮释放喷射气流对外做功都超过这个值。因此实际使用时,小容积空气炮不满足试验指标时,可以方便地换成大容积的空气炮,直到满足试验需求为止。

6.4.2 空气炮驱动系统重要参数分析

基于碰撞原理产生高加速度冲击实验环境的关键在于如何获得足够大的碰撞初速度。从图 6.35 简化出的气体动力模型如图 6.36 所示。

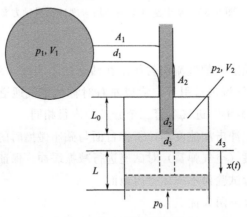

图 6.36　气体动力模型

图 6.36 中,p_1、V_1 分别是空气炮工作压力和容积;p_2、V_2 分别是空气炮释放喷射高压气体推动活塞向下运动行程 L 后的压力和体积;A_1、A_2、A_3 分别为空气炮喷射管内截面积、拉杆截面积和活塞截面积;L_0 为冲击缸预留

长度；p_0 为活塞下表面的背压，由技术原理可知即为大气压力；$x(t)$ 为活塞向下的运动位移。虚线位置为活塞的下限位置。

由于空气炮释放喷射过程经历的时间很短，行程 L 也不大，其高压气体的释放过程可视为理想气体绝热膨胀过程，在忽略其他形式的能量损耗的情况下，该过程对外释放的能量可按式（6.22）进行计算。

但空气炮喷口距离活塞有一定的距离且有 90°的"Y 形"进气弯管等，其释放的能量具有一定的损失，令该损失所占比率为 η。同时令工作台面总成的质量为 m，在忽略重力影响和摩擦等能量损失的情况下，工作台面在碰撞前所获得的初速度 v_0 可确定为：

$$v_0 = \sqrt{\frac{2(1-\eta)}{m} \times \frac{p_1 V_1}{\lambda-1} \left[(p_2/p_1)^{(\lambda-1/\lambda)} - 1\right]} \tag{6.29}$$

其中体积 V_2 应包括 V_1、管路容积及冲击缸密封部分的容积。因此 V_2 可根据下式计算：

$$V_2 = V_1 + l V_1 + (L + L_0)(A_3 - A_2) \tag{6.30}$$

式中，l 为空气炮喷射管及 Y 形进气弯管的总长度。

上述分析未考虑活塞的运动过程，相当于静态分析。活塞向下运动的过程是一个逐渐加速的动态过程，在忽略阻尼的情况下，根据牛顿第二定律，活塞的受力平衡方程为：

$$p_2 V_2 (A_3 - A_2) + mg - p_0 A_3 = m\ddot{x}(t) \tag{6.31}$$

上式的初始条件为：$mx(t=0)=0$；$m\dot{x}(t=0)=0$。

根据式（6.30）、式（6.31），V_2 变为如下形式：

$$V_2 = V_1 + l V_1 + [x(t) + L_0](A_3 - A_2) \tag{6.32}$$

进一步地，为简化计算，将上式等效成如下形式：

$$V_2 = [L'_0 + x(t)](A_3 - A_2) \tag{6.33}$$

式中，L'_0 为等效冲击缸预留长度，其等效原则为：

$$L'_0 (A_3 - A_2) = V_1 + l V_1 + L_0 (A_3 - A_2) \tag{6.34}$$

同样地，将空气炮释放高压气体的过程视为理想气体绝热膨胀过程，则有：

$$p_1 V_1^\lambda = p_2 V_2^\lambda \tag{6.35}$$

综合式（6.31）～式（6.33）和式（6.35）可得：

$$\frac{\mathrm{d}^2 x(t)}{\mathrm{d}t^2} = \frac{A}{m} [L'_0 + x(t)]^{-\lambda} + \frac{B}{m} \tag{6.36}$$

式中：

$$A = p_1 V_1^\lambda (A_3 - A_2)^{1-\lambda} \tag{6.37}$$

$$B = mg - p_0 A_3 \qquad (6.38)$$

解微分方程式(6.36)得到活塞向下运动一定位移后的速度即工作台面的碰撞初速度为：

$$v_0 = \sqrt{\frac{2AL'^{(1-\lambda)}_0}{m(1-\lambda)}\left\{\left[1+\frac{x(t)}{L'_0}^{1-\lambda}\right]-1\right\}+\frac{2B}{m}x(t)} \qquad (6.39)$$

为在理论上弄清某些关键参数影响工作台面碰撞初速度的程度，下面将在确定一些次要参数的情况下进行仿真计算，这些参数包括：空气炮喷气管内径为 67mm、管路总长约为 800mm，工作台面总成的质量约为 150kg，空气炮爆炸能量损失所占比率定为 0.2。

首先是冲击缸缸径。冲击缸缸径的计算范围为 160～320mm，同时空气炮工作压力为 0.8MPa、容积为 50L，活塞运动行程为 400mm、预留间隙为 0mm。利用式(6.29)和式(6.39)的计算结果如图 6.37 所示。

从图 6.37 可知，在给定的条件下，工作台面的碰撞初速度与冲击缸缸径呈近似线性增大关系，且动态分析比静态分析值小。按照高加速度冲击试验技术需求，碰撞初速度至少应达到 10m/s。在图 6.37 中，虚线标出了这个速度线及其对应的冲击缸缸径。由此，冲击缸缸径应不得小于 200mm。

其次是空气炮工作压力及容积。两者的计算范围为：$p_1 \in [0.4\text{MPa}, 0.8\text{MPa}]$，$V_1 \in [30\text{L}, 70\text{L}]$。同时冲击缸缸径为 240mm、活塞运动行程为 400mm、预留间隙为 0mm。利用式(6.29)和式(6.39)的计算结果如图 6.38 所示。

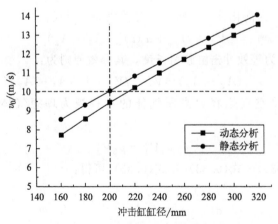

图 6.37　碰撞初速度与冲击缸缸径的关系

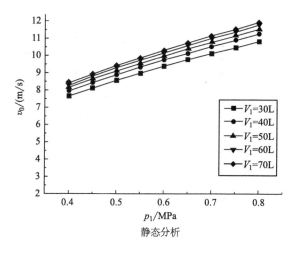

静态分析

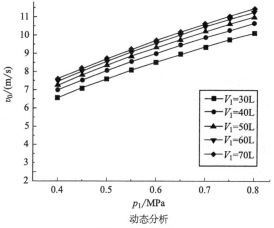

动态分析

(a) 碰撞初速度与空气炮压力的关系

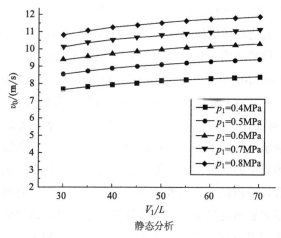

静态分析

图 6.38

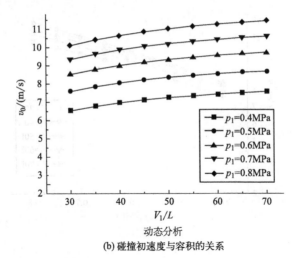

(b) 碰撞初速度与容积的关系

图 6.38　碰撞初速度与空气炮压力、容积的理论分析

由图 6.38 可以看出，无论是静态还是动态分析，空气炮工作压力对工作台面碰撞初速度的影响是主要的，但动态分析时的变化趋势更快些，而结果小于对应的静态分析值。从图 6.38(a) 可知，在确定的空气炮容积下，随着压力的增大，碰撞初速度近似呈线性增大；随着容积的增大，碰撞初速度相应增大，但效果不明显，容积越大，这种趋势越明显，这是因为容积增大后，空气炮爆炸后的气体容积相对变化较小。

从图 6.38(b) 可知，在确定的工作压力下，随着容积的增大，碰撞初速度缓慢增大，也就是说试图通过增大容积来提高碰撞初速度的效果不明显。

最后是活塞行程及预留长度。对于立式试验台，为方便使用，试验台的高度不宜过高，因此应尽可能降低试验设备的高度。但用静态分析时，活塞行程为零时，也有碰撞初速度，这是不合理的。这里利用式(6.39) 进行分析。计算时，$L \in [50\text{mm}, 500\text{mm}]$，$L_0 = 0\text{mm}$、$100\text{mm}$、$200\text{mm}$、$300\text{mm}$、$400\text{mm}$，$p_1 = 0.8\text{MPa}$，$V_1 = 50L$，冲击缸缸径为 240mm，计算结果如图 6.39 所示。

从图 6.39 可知，工作台面的运动过程是一个加速度逐渐减小的加速度运动过程，随着活塞行程的增加，工作台面碰撞初速度是逐渐增大的，预留长度为零时计算得到相应的碰撞初速度值最大。可见，不论从结构上还是从实验技术指标需求上看，冲击缸可以不考虑设计预留长度。同时有研究表明，冲击缸的背压（技术原理表明这里等于一个大气压）很小时，活塞的有效行程相应加长，工作台面在碰撞前都一直处于加速度逐渐减小的加速运动状态，本书的分

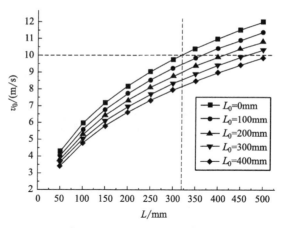

图 6.39　碰撞初速度与活塞行程及预留间隙的关系

析结果与其是一致的。图中虚线标出了试验技术需求的碰撞初速度及其对应的行程。所以，活塞行程可初步确定为 300mm。如果缸径选择 200mm，则可考虑将行程增加到 450mm。

6.4.3　基于空气炮的高加速度冲击激励工程设计

图 6.40 所示为基于空气炮的高加速度冲击激励技术工程装配图。

6.4.4　样机实测

遵循对实验室环境无特殊要求的设计原则，按照常规空压机所能提供的空气压力 0.7MPa、爆炸后压力为 0.1MPa 和 50L 气体体积计算其爆炸能量约为 37000J。但空气炮喷口距离冲击缸活塞有一定的距离且有一个 90°的弯头，其爆炸能量具有一定的损耗。根据参考文献，大致地可确定该设计中空气炮的能量损失为 15％，则实际有效爆炸能量约为 31000J。因此选择 50L 的常规压力空气炮作为驱动源，在理论上还有较大的设计余量。

选用容积为 50L 的驱动空气炮作为驱动系统，在同样的测试传感器、电荷放大器、测试系统情况下，组成的测试系统如图 6.41 所示。

在不加负载的情况下，空气炮压力分别在 0.5MPa、0.6MPa、0.65MPa 和 0.7MPa 情况下进行了测试。测得的冲击加速度时间曲线如图 6.42～图 6.45 所示。

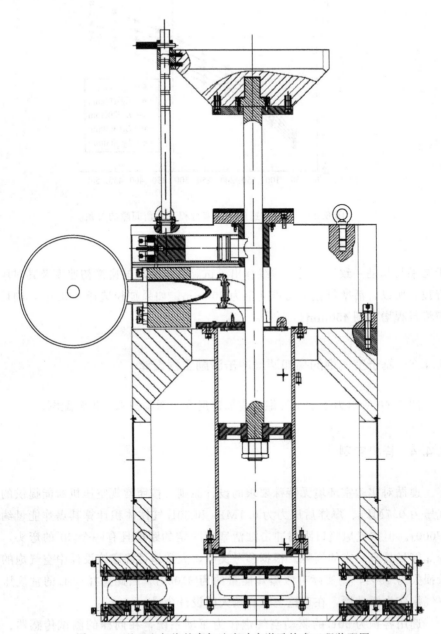

图 6.40 基于空气炮的高加速度冲击激励技术工程装配图

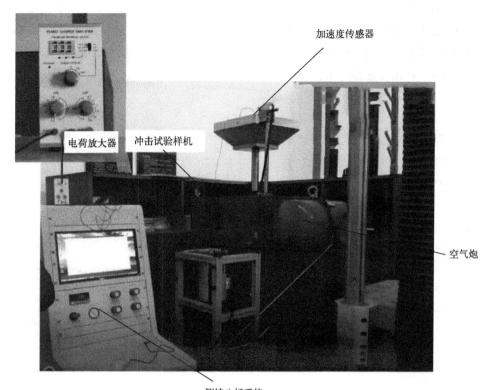

图 6.41　样机测试系统

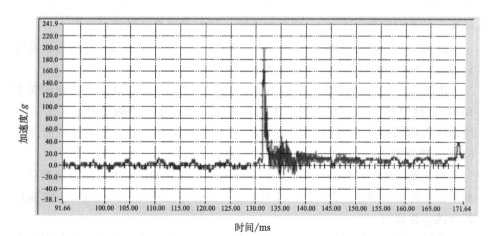

图 6.42　空气炮压力 0.5MPa 时的测试结果

由图 6.42 可知，当空气炮压力为 0.5MPa 时，测得的最大冲击加速度为 1990g、脉冲宽度为 1.26ms，波形为近似半正弦。在同样的情况下，图 6.19 所示样机测试得到的近似半正弦冲击加速度最大为 630g、脉冲宽度为 1.14ms，冲击加速度 g 值水平提高超过三倍。

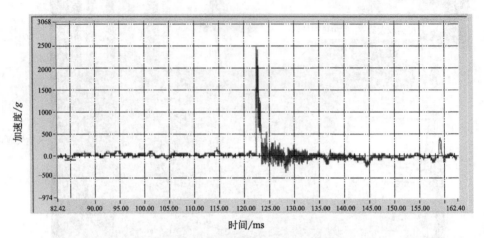

图 6.43　空气炮压力 0.6MPa 时的测试结果

由图 6.43 可知，当空气炮压力为 0.6MPa 时，测得的最大冲击加速度为 2490g、脉冲宽度为 0.96ms，波形为近似半正弦。在同样的情况下，图 6.19 所示样机测试得到的近似半正弦冲击加速度时间曲线，最大冲击加速度为 693g、脉冲宽度为 1.12ms，冲击加速度 g 值水平同样提高超过三倍。

由图 6.44 可知，当空气炮压力为 0.65MPa 时，测得的最大冲击加速度为 4429g、脉冲宽度为 1.2ms，波形为近似半正弦。

由图 6.45 可知，当空气炮压力为 0.7MPa 时，测得的最大冲击加速度为 4308g、脉冲宽度为 0.98ms，波形为近似半正弦。在同样的情况下，图 6.19 所示样机测试得到的近似半正弦冲击加速度时间曲线，最大冲击加速度为 640g、脉冲宽度为 1.54ms，g 值水平提高近 7 倍。

空气炮释放时产生的冲击能量巨大，从测试得到的加速度时间曲线明显看到了二次冲击的现象，其与第一次产生的冲击加速度相隔时间较远，不影响试验台的正常使用。

由以上测试结果可以看出，利用空气炮实现高加速度冲击激励取得了巨大成功。

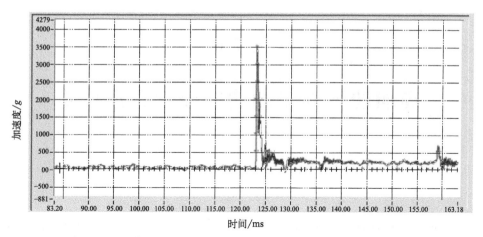

图 6.44 空气炮压力 0.65MPa 时的测试结果 (8kHz 的低通滤波)

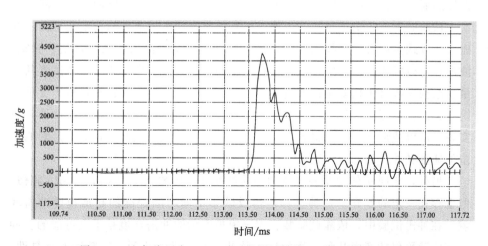

图 6.45 空气炮压力 0.7MPa 时的测试结果 (8kHz 的低通滤波)

第 7 章

高加速度冲击加速度波形整形技术

冲击加速度时间历程包含了加速度峰值、加速度脉冲宽度及脉冲波形、速度变化量等信息，这些要素之间相互影响或制约。如在波形和速度变化量一定时，加速度峰值与脉宽理论上成反比关系。但产生高加速度冲击的过程存在着较为严重的非线性问题，脉宽和加速度峰值并非严格的线性关系，正如大家所熟知的那样，在相同试验条件下测得的任何一次冲击加速度脉冲始终不同。

从前面章节的论述可知，各种产生高加速度冲击加速度的技术几乎离不开碰撞。以跌落冲击激励技术为例，产生的加速度脉冲波形参数（峰值、脉宽、波形）与碰撞速度、碰撞接触过程直接相关，同时也与参与碰撞的被试件的质量、结构参数（包括安装台或者夹具）、砧座的质量结构参数及砧座的支承系统有关。其中碰撞接触过程的改变主要基于波形整形器（或者称为缓冲器）来实现。所以波形整形器的材料、尺寸、结构甚至接触面表面质量等均是影响冲击加速度脉冲波形的重要因素。

另外，相同 g 值水平和脉宽的不同加速度波形的 AASRS 和 PVSRS 相似，但也存在一定的差异。这种差异恰恰反映了不同严酷程度的高加速度冲击环境。在冲击试验中，依靠试验装置完全模拟实际的冲击环境是不大可能的。冲击试验装置仅能产生几种典型的冲击脉冲，并尽可能达到一定精度的重复性。因此，一个冲击试验只是力求做到冲击过程对所测试对象的影响与实际冲击对其影响尽可能相似或者接近，或者通过许多对象对同一典型冲击过程的不同效应来比较它们的抗冲击性。针对不同质量和体积的被试件，要实施不同试验要求（g 值水平、脉冲宽度、波形或者以 SRS 制定的试验规范）的试验，加速度波形整形技术是高加速度冲击激励与试验技术的难点之一，尤其是大负载、长脉宽的激励技术仍处于探索中。

本章就高加速度冲击试验中的波形整形技术进行探讨。

7.1　Hopkinson 压杆中的高加速度脉冲波形整形技术

根据式(4.10)可知，Hopkinson 压杆技术所生成的加速度脉冲波形，其核心要素在于一维弹性杆中的应变率。又从图 4.14 可知，一维弹性杆的应变率与撞击杆（或者子弹）及波形整形器有关。这和用于材料性能测试是一致的，采用改变波形整形器、撞击杆的结构、尺寸、材料等方式，实现试验所需的应力波波形参数，该应力波波形参数与所产生的加速度脉冲波形参数是直接关联的，也就实现了高加速度冲击激励加速度脉冲的波形整形[19,95-101]。以下从撞击杆及波形整形器两方面进行介绍。

7.1.1　波形整形器的理论基础

利用整形器实现冲击加速度脉冲波形的调整示意图如图 7.1 所示。波形整形器材料最常用的是铜（紫铜、黄铜等）、皮革、纸等，最常见的是紫铜，往往制作成圆形的薄片，厚度为 h，直径往往小于等于撞击杆和入射杆的直径。撞击杆和入射杆的直径一般设计成一致的，但长度不同，分别为 L_1 和 L_2，往往使 $L_2 > L_1 > 10d$，以满足弹性杆假设，两者材料可相同也可不同。

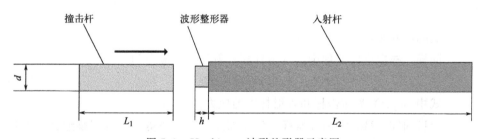

图 7.1　Hopkinson 波形整形器示意图

以紫铜波形整形器为例，在一维应力波理论基础上进行理论分析。

假定紫铜在被撞击过程中产生不可压缩变形，根据质量守恒原理，波形整形器的截面积和厚度之间有如下关系：

$$Ah = A(t)h(t) \tag{7.1}$$

式中，A、h 分别为整形器撞击前的截面积和厚度；$A(t)$、$h(t)$ 分别为整形器撞击过程中某时刻的截面积和厚度。

在整形器发生屈服之前，整形器在撞击过程中某时刻的工程应变为：

$$\varepsilon(t) = \frac{h - h(t)}{h} \tag{7.2}$$

注意到，上式实际值始终大于零。结合式(7.1)、式(7.2) 有：

$$A(t) = \frac{A}{1 - \varepsilon(t)} \tag{7.3}$$

通常，撞击杆和入射杆直径设计成同样尺寸，可令截面积 $A_1 = A_2 = A_0$，且选用同样的材料制造，可令弹性模量 $E_1 = E_2 = E_0$，密度 $\rho_1 = \rho_2 = \rho_0$。在撞击杆撞击整形器过程中，撞击杆和入射杆中将有一个一维应力波，波速为 $c_0 = \sqrt{E_0/\rho_0}$，且撞击杆中质点速度和入射杆中质点速度相同，设为 $v(t)$。

根据应力波理论可知，应力波在撞击杆中从撞击面传至自由端再回到撞击面所需时间为 $t_0 = 2L_1/c_0$。在该时间内，整形器与撞击杆接触面质点速度 $v_1(t)$、整形器与入射杆接触面质点速度 $v_2(t)$，若撞击杆撞击初速度为 v_0，则有以下公式：

$$v_1(t) = v_0 - v(t) \tag{7.4}$$

$$v_2(t) = v(t) \tag{7.5}$$

所以，根据应变率的定义可知整形器的应变率 $\dot{\varepsilon}(t)$ 为：

$$\dot{\varepsilon}(t) = \frac{v_1(t) - v_2(t)}{h} = \frac{1}{h}\left[v_0 - 2v(t)\right], v_0 \geqslant 2v(t) \tag{7.6}$$

实际试验时，注意保证式(7.6) 的条件 $v_0 \geqslant 2v(t)$。

同样，根据应力波理论，撞击杆和入射杆中的应力为：

$$\sigma_0(t) = \rho_0 c_0 v(t) \tag{7.7}$$

式中，$\sigma_0(t)$ 为撞击杆和入射杆中的应力。

众所周知，Hopkinson 压杆产生高加速度冲击环境时，紫铜整形器将发生塑性变形。根据真应力-应变定义，应变硬化现象可用 Hollomon 经验公式表述：

$$\sigma_t(t) = K\varepsilon^n(t) \tag{7.8}$$

式中，n 为应变硬化指数，是小于 1 的常数，不锈钢为 0.45～0.55，黄铜为 0.35～0.4，紫铜为 0.3～0.35，铝为 0.15～0.25，铁为 0.05～0.15；$\sigma_t(t)$ 为整形器的真应力；K 为紫铜的材料常数，即真应变为 1 时的真应力，其一般与整形器的应变率有关。

忽略惯性力时，根据牛顿第三定律，撞击杆与波形整形器及入射杆在碰撞过程中的所受力是相互作用力，大小应保持一致，所以：

$$\sigma_t(t)A(t)=\sigma_0(t)A_0 \tag{7.9}$$

结合式(7.3) 及式(7.6)～式(7.9) 则有：

$$\frac{h}{v_0}\dot{\varepsilon}(t)+P\frac{\varepsilon^n(t)}{1-\varepsilon(t)}=1 \tag{7.10}$$

式中：

$$P=\frac{2AK}{A_0\rho_0c_0v_0} \tag{7.11}$$

式(7.10) 即为波形整形器应变关于时间的一阶微分方程，反映了紫铜整形器应变与其厚度、初始截面积及撞击杆材料、直径、撞击初速度之间的关系。

不得不指出的是，式(7.10) 的前提条件为：

$$A(t)\leqslant A_0,v(t)\leqslant 0.5v_0,t\leqslant t_0 \tag{7.12}$$

尤其是第一个条件，若不满足，即意味着整形器变形后的截面积超出了撞击杆和入射杆的截面，显然，上述理论公式此时不再成立。

式(7.10) 的解为：

$$t=\frac{v_0}{h}\int_0^\varepsilon\left[1-P\frac{\varepsilon^n(t)}{1-\varepsilon(t)}\right]^{-1}\mathrm{d}x,t\leqslant t_0 \tag{7.13}$$

此时，入射杆中的应变和应力分别为：

$$\varepsilon_0(t)=\frac{AK\varepsilon^n(t)}{A_0E_0[1-\varepsilon(t)]},t\leqslant t_0 \tag{7.14}$$

$$\sigma_0(t)=E_0\varepsilon_0(t),t\leqslant t_0 \tag{7.15}$$

对于 $t_0<t\leqslant 2t_0$ 期间，撞击杆自由端反射到其与整形器接触面的卸载应力波记作 $-\sigma_0(t-t_0)$，同时在整形器接触面形成发射和透射应力波，分别记作 $\sigma_r(t-t_0)$、$\sigma_t(t-t_0)$。

同样，根据受力平衡条件有：

$$\sigma_t(t)A(t)=[\sigma_0(t)-\sigma_0(t-t_0)+\sigma_r(t-t_0)]A_0$$
$$=[\sigma_0(t)+\sigma_t(t-t_0)]A_0 \tag{7.16}$$

此时整形器两端面质点的速度为：

$$v_1(t)=v_0-\frac{\sigma_0(t)}{\rho_0c_0}-\frac{\sigma_0(t-t_0)}{\rho_0c_0}-\frac{\sigma_r(t-t_0)}{\rho_0c_0} \tag{7.17}$$

$$v_2(t)=\frac{\sigma_0(t)}{\rho_0c_0}+\frac{\sigma_t(t-t_0)}{\rho_0c_0} \tag{7.18}$$

由式(7.9) 有：

$$\sigma_0(t) + \sigma_t(t - t_0) = \frac{\sigma_t(t)A(t)}{A_0} = \frac{KA\varepsilon^n(t)}{A_0[1 - \varepsilon(t)]} \tag{7.19}$$

$$\sigma_0(t - t_0) = \frac{\sigma_t(t)A(t)}{A_0} = \frac{KA\varepsilon^n(t - t_0)}{A_0[1 - \varepsilon(t - t_0)]} \tag{7.20}$$

结合式(7.3)、式(7.8) 及式(7.16)～式(7.20) 有:

$$\dot{\varepsilon}(t) = \frac{v_0}{h}\left[1 - P\frac{\varepsilon^n(t)}{1 - \varepsilon(t)} - P\frac{\varepsilon^n(t - t_0)}{1 - \varepsilon(t - t_0)}\right], t_0 < t \leqslant 2t_0 \tag{7.21}$$

通常，在 $\dot{\varepsilon}(t) > 0$ 时，即整形器两端面质点速度满足 $v_1 > v_2$，则整形器仍处于加载状态。按照上述分析方法，可得到 $kt_0 < t \leqslant (k+1)t_0$ 时间段内整形器加载时的应变率微分方程:

$$\dot{\varepsilon}(t) = \frac{v_0}{h}\left[1 - P\frac{\varepsilon^n(t)}{1 - \varepsilon(t)} - P\frac{\varepsilon^n(t - t_0)}{1 - \varepsilon(t - t_0)} - P\frac{\varepsilon^n(t - 2t_0)}{1 - \varepsilon(t - 2t_0)}\right.$$
$$\left. - \cdots - P\frac{\varepsilon^n(t - kt_0)}{1 - \varepsilon(t - kt_0)}\right] \tag{7.22}$$

当 $\dot{\varepsilon}(t) = 0$ 时，整形器开始卸载，该时刻记作 t^*。 通常，根据撞击杆、整形器、入射杆组合，整形器的卸载开始时间在 $t_0 < t^* \leqslant 2t_0$ 或 $2t_0 < t^* \leqslant 3t_0$ 之间。若整形器在 $t_0 < t^* \leqslant 2t_0$ 期间，当 $t^* \leqslant t \leqslant 2t_0$ 时，整形器始终处于卸载状态，此时式(7.19) 则变为:

$$\sigma_0(t) + \sigma_t(t - t_0) = \frac{\sigma_t(t)A(t)}{A_0} = \frac{A}{A_0[1 - \varepsilon(t)]}\{\sigma_t^* - E^*[\varepsilon^* - \varepsilon(t)]\} \tag{7.23}$$

式中，σ_t^*、ε^* 为整形器开始卸载时的应力和应变；E^* 是整形器弹性卸载模量。

所以可得，$t^* \leqslant t \leqslant 2t_0$ 整形器应变微分方程为:

$$\dot{\varepsilon}(t) = \frac{v_0}{h}\left\{1 - P\frac{\sigma_t^* - E^*[\varepsilon^* - \varepsilon(t)]}{K[1 - \varepsilon(t)]} - P\frac{\varepsilon^n(t - t_0)}{1 - \varepsilon(t - t_0)}\right\}, t^* \leqslant t \leqslant 2t_0 \tag{7.24}$$

如果在 $t^* \leqslant t \leqslant 2t_0$ 时间内，整形器卸载结束，则在 $2t_0 < t \leqslant 3t_0$ 时间内继续卸载，此时的应变微分方程需分段表示:

$$\dot{\varepsilon}(t) = \frac{v_0}{h}\left\{ \begin{array}{l} 1 - P\dfrac{\sigma_t^* - E^*[\varepsilon^* - \varepsilon(t)]}{K[1 - \varepsilon(t)]} \\ - P\dfrac{\varepsilon^n(t - t_0)}{1 - \varepsilon(t - t_0)} - P\dfrac{\varepsilon^n(t - 2t_0)}{1 - \varepsilon(t - 2t_0)} \end{array} \right\}, 2t_0 \leqslant t \leqslant t_0 + t^* \tag{7.25}$$

$$\dot{\varepsilon}(t) = \frac{v_0}{h}\left\{ \begin{aligned} &1 - P\frac{\sigma_t^* - E^*\left[\varepsilon^* - \varepsilon(t)\right]}{K\left[1 - \varepsilon(t)\right]} \\ &-P\frac{\sigma_t^* - E^*\left[\varepsilon^* - \varepsilon(t - t_0)\right]}{K\left[1 - \varepsilon(t - t_0)\right]} - P\frac{\varepsilon^n(t - 2t_0)}{1 - \varepsilon(t - 2t_0)} \end{aligned} \right\},$$

$$t_0 + t^* \leqslant t \leqslant 3t_0 \tag{7.26}$$

若在 $2t_0 < t \leqslant 3t_0$ 时间段内整形器仍未卸载完成，则将在后续增加的 t_0 时间段内继续进行，分析方法和上述类似，在此不再赘述。

一般情况下，入射杆的长度是撞击杆长度的 4 倍甚至更多，这样可以选择合适的整形器，保证在其完成卸载前入射杆右端的反射波还未到达其撞击端。否则，情况将复杂得多。

分别将上述整形器应变在加载和卸载时间段内的微分方程写成差分形式，通过迭代即可计算出整形器的应变 $\varepsilon(t)$，进一步求出入射杆的应变和应力，即可得到入射杆自由端的加速度时间历程。借此研究整形器对冲击加速度脉冲波形参数的影响。

7.1.2　ANSYS LS-DYNA 的仿真分析设置

基于 ANSYS LS-DYNA 对基于应力波原理产生高加速度加速度激励环境的整形技术进行仿真分析。仿真所用三维模型及网格划分如图 7.2 所示。入射杆结构参数设计为 $1200\text{mm} \times \phi15\text{mm}$，为考察不同因素对加速度脉冲形状的影响，撞击杆及波形整形器结构参数将有所不同。

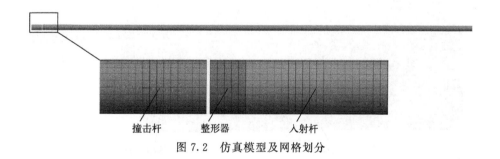

撞击杆　　整形器　　入射杆

图 7.2　仿真模型及网格划分

网格类型均为八节点六面体网格，网格尺寸为 2mm，节点数为 6 万左右，单元数为 5 万左右。

为便于阐述,现将仿真过程中所用到的材料参数列入表 7.1 中,以便查阅。

表 7.1　仿真所用材料参数

材料	使用部位	材料模型	泊松比	密度/(kg/m³)	弹性模量/GPa	体模量/GPa	剪切模量/GPa	屈服强度/MPa	硬化模量/GPa
45 钢	撞击杆	弹性体	0.29	7850	250	198.4	96.9	—	—
钛合金	入射杆	弹性体	0.33	4730	110	77.78	41.35	—	—
铝		弹塑性模型	0.36	2850	74.2	88.33	27.28	685	26
黄铜	整形器	弹塑性模型	0.35	9000	70	107.8	25.93	200	30
PC		弹塑性模型	0.39	1200	2.2	3.333	0.7914	100	1.2

仿真时,撞击杆与整形器的接触设置为摩擦连接,摩擦系数 0.2,整形器与入射杆为绑定连接。只保留冲击速度方向的自由度,分析时间为 0.0006s。仿真结果输出节点(如图 7.3)为入射杆自由端中心节点,以节点加速度作为输出信号。

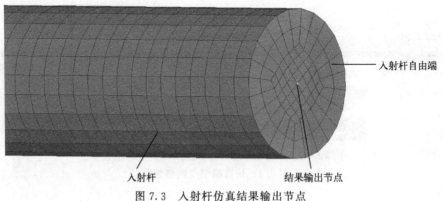

图 7.3　入射杆仿真结果输出节点

7.1.3　基于波形整形器的整形仿真

（1）材料的影响

在撞击杆初速度为 10mm/s 的情况下，整形器结构参数为 10mm×
ϕ15mm，材料为铝、黄铜和 PC 时的仿真结果如图 7.4 所示。使用黄铜整形器
时，产生的峰值加速度高达 17 万 g，但脉宽较窄，仅有 13μs 左右。使用铝制
整形器时，产生的峰值加速度和脉宽与使用黄铜整形器时差不多。但使用 PC
塑料整形器时，产生的峰值加速度明显降低，约 5 万 g，脉冲宽度有所增加，
但是不明显，这主要是 PC 材料的弹性模量比金属材料的弹性模量要小很多的
缘故。

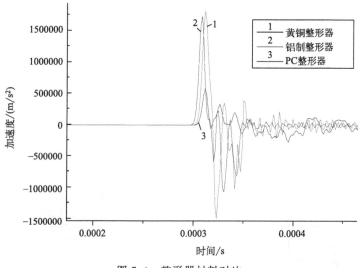

图 7.4　整形器材料对比

（2）结构的影响

同样在撞击杆初速度为 10mm/s 的情况下，均使用铝制整形器对不同结构
的整形器进行了仿真实验。图 7.5 为直径 ϕ15mm、厚度不同时的仿真结果。
图 7.6 为 10mm×ϕ15mm、轴切面形状不同时的仿真结果，图 7.7 则为厚度

10mm、不同直径整形器的仿真结果。

从仿真结果可以看出，整形器厚度对所产生的冲击脉冲加速度仿真和脉宽的影响几乎可忽略，而整形器结构参数中的轴切面形状和直径对冲击脉冲峰值和脉宽均有较大影响，具有很好的调节作用。具体地，圆台形和小直径整形器能较好地降低冲击峰值加速度和一定程度地减小脉冲脉宽。

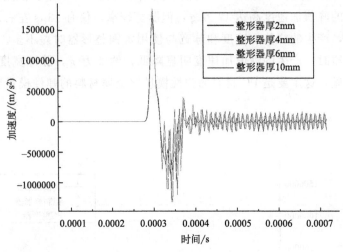

图 7.5 整形器厚度对比

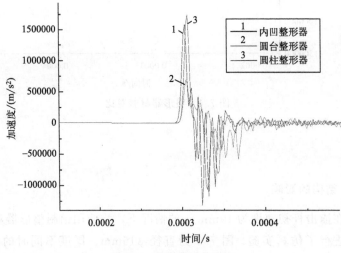

图 7.6 整形器形状对比

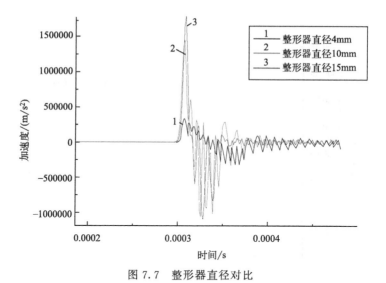

图 7.7　整形器直径对比

7.1.4　基于撞击杆的整形仿真

（1）撞击速度的影响

在均使用 10mm×φ15mm 铝制整形器、300mm×φ15mm 的撞击杆时，对不同的撞击速度进行了仿真实验，结果如图 7.8 所示，显然地，撞击杆速度对冲击加速度脉冲峰值有明显的影响，撞击速度越高，峰值加速度越高，反之越低，而对脉宽的影响则相对较小。

（2）撞击杆结构的影响

在撞击杆速度为 10mm/s、均使用 10mm×φ15mm 铝制整形器的情况下，对不同结构的撞击杆进行了仿真实验，结果如图 7.9～图 7.11 所示。显然地，梯形和阶梯形轴切面的撞击杆对冲击加速度脉冲峰值和脉宽均有明显的影响，相较而言，阶梯形的影响则相对较大。同时，可发现撞击杆长度对调节冲击脉冲宽度有一定的作用，撞击杆越长，脉冲宽度越宽，但后期的相应振动较为明显。

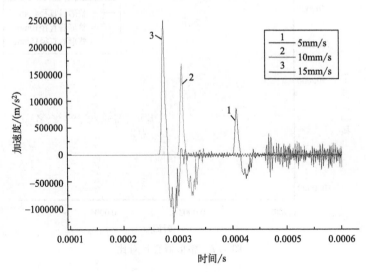

图 7.8　撞击杆速度对比

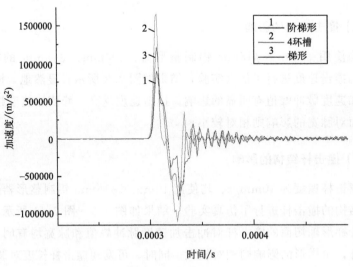

图 7.9　撞击杆形状对比 1

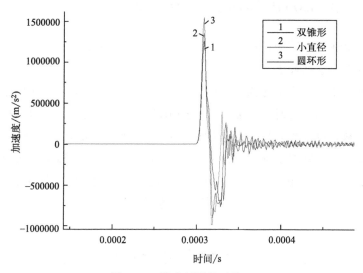

图 7.10 撞击杆形状对比 2

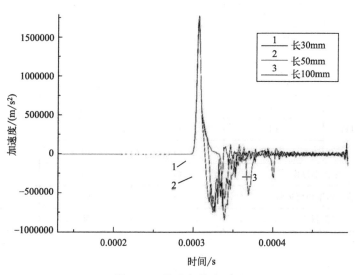

图 7.11 撞击杆长度对比

7.1.5　Hopkinson 压杆的冲击脉冲整形总结

总结上述仿真结果，将基于一维应力波理论的冲击加速度脉冲参数的影响因素及其效果总结如表 7.2 所示。

实际应用时，为了达到被试件所需的冲击加速度波形，往往依靠单一的方法很难达到目的。此时，就需要综合运用撞击杆结构尺寸、材料，整形器结构尺寸、材料，以及配合撞击初速度的选择，观测试验波形，在理论的指导下，进行预实验，不断对加速度脉冲波形进行调制，直至达到试验要求为止。

但要注意，Hopkinson 压杆用于高加速度冲击试验时，往往 g 值水平高，但脉冲宽度调节范围有限，当脉宽不能达到试验要求时，只能寻求别的试验方法。

表 7.2　冲击波形参数影响因素及效果

影响因素		效果强弱		
		峰值	脉宽	波形
撞击速度		强	弱	弱
撞击杆形状	梯形	强	强	弱
	阶梯形	强	强	弱
	圆柱形	弱	弱	弱
	圆环形	弱	弱	弱
	圆环槽形	弱	弱	弱
	小直径圆柱形	弱	强	弱
整形器材料	PC	强	强	弱
	铝	弱	弱	弱
	黄铜	弱	弱	弱
整形器厚度		弱	弱	弱
整形器轴切面形状		强	强	弱
整形器直径		强	强	弱

7.2　跌落冲击激励中的脉冲波形整形

如前所述，跌落冲击激励技术具有被试件范围大、g 值水平大、可产生的脉冲波形多、波形整形手段多等优势。其测试系统基本组成如图 7.12 所示。

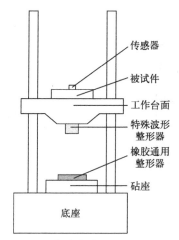

传感器
被试件
工作台面
特殊波形
整形器
橡胶通用
整形器
砧座
底座

图 7.12　跌落冲击波形整形组成示意图

　　一般情况下，只需要橡胶通用整形器进行波形调整即可，但需要梯形脉冲、后峰锯齿脉冲等波形时，则需要专门的特殊波形整形器实现，或者是特殊波形整形器和橡胶通用整形器结合使用实现[27]。以下就波形整形技术进行介绍。

（1）气缸式弹性整形器

　　图 7.13 展示的是一种气缸式弹性整形器，其内部填充有一定压力的气体。在应用中，该整形器被安装于试验台的工作台面下方。当工作台向下冲击运动时，整形器的冲头会直接与砧座发生撞击，进而促使冲头朝上方移动。由于这一撞击过程，气缸内的气体将承受瞬间的压缩，形成所谓的"气垫"效应。这一效应能够产生冲击半正弦形的加速度脉冲，并且波形表现出较好的质量。

　　如图 7.14 所示是一种气缸式三种波形整形器。如果不安装橡胶垫，砧座刚度大于气缸内气体的刚度，冲击使活塞产生移动，活塞上方的气体在活塞离开初始位置就迅速进入活塞下方，由于冲击对台面产生的作用力时间非常短，且快速衰减并接近零，因此此时产生的冲击加速度脉冲是后峰锯齿形。若砧座上加装橡胶垫，且刚度小于气缸内气体的刚度，当整形器冲头撞击时，冲击使橡胶垫发生弹性变形而气缸内的活塞不产生移动，此时产生的冲击脉冲是半正弦形的。

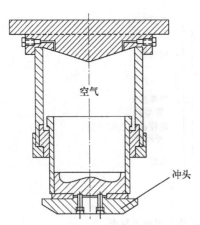

图 7.13　气缸式弹性波形整形器

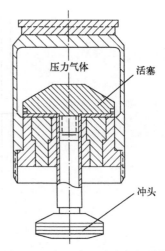

图 7.14　气缸式三种波形整形器

　　当工作台面连同波形发生器一同下落冲击橡胶垫时，橡胶垫冲击受压，且压缩力随着压缩程度增加而增大，待橡胶垫被压缩至一定程度时，其压缩力大于气缸内气体作用于活塞上表面的气体压力，活塞相对于气缸上移；当活塞相对于气缸上移至一定程度时，台面连同波形整形器原来所具有的动能由于做功已消耗到一定程度，使气缸内气体作用于活塞上表面压力大于橡胶垫压缩力，此刻活塞则相对于气缸下移，直到活塞底面与内下壁接触，接着橡胶垫膨胀而释放能量。从活塞碰撞橡胶垫开始，橡胶垫的压缩力随气缸位移变化，由于活塞上移时气缸内气体受到压缩使压强稍有增大，因此气体作用于活塞上表面压力亦稍有增大，与此相对应的是橡胶垫压缩力在活塞上移时亦稍增大；当活塞下移时，橡胶垫的压缩力由于气缸内的压强逐渐恢复至初始状态。工作台面产生的加速度信号波形为梯形状。注意到，梯形波上升段及下降段的加速度梯度靠橡胶垫来调整，而冲击持续时间靠活塞相对于气缸位移程度调整，冲击加速度峰值则靠气缸内气体压强及台面落高度（碰撞初速度）调整。

（2）气体-液体式整形器

　　如图 7.15 所示是一种气-液式后峰锯齿整形器。整形器内部的下腔充有液体，而活塞 1 上部腔体充有一定压力的气体。当冲头撞击砧座时，利用液体的节流作用，使力-变形曲线呈非线性，这样，脉冲波形的前沿呈直线上升状态。随着冲击时冲头继续向上运动，压缩下腔中的液体，液体压力增加，当压力增大到一定程度时，活塞 2 向上移动，产生间隙时，液体迅速流入活塞 1 下方，使工作台受的冲击力降到接近零，由此产生后峰锯齿形脉冲。

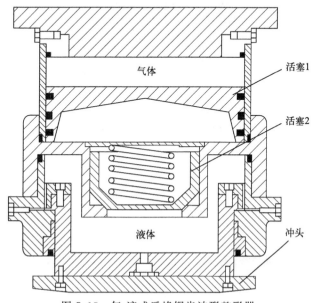

图 7.15　气-液式后峰锯齿波形整形器

（3）液压式整形器

如图 7.16 所示是一种液压式整形器。在活塞 1 腔内充满液体。冲头撞击砧座时，活塞 1 向上运动，液体从中间节流孔流入活塞 2 下方的腔内，产生的力-变形曲线是非线性的。当活塞 1 向上移时，由于 $D_1 < D_2$，活塞 1 上方的液体迅速流向活塞 1 的下方，使工作台所受力迅速下降至接近零，从而产生后峰锯齿波。

（4）成形铅体整形器

矩形和梯形脉冲要求脉冲形成装置能施加一个不随时间（和变形）而变的恒力。这样的装置可能是弹性的也可能是非弹性的。图 7.17 所示为成形铅体

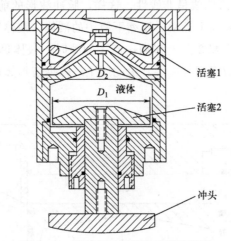

图 7.16　液压式后峰锯齿波形整形器

波形整形器。

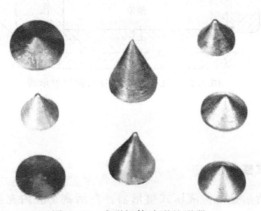

图 7.17　成形铅体波形整形器

　　模铸的小铅球和不同形状的铅块用于制作可压环的矩形脉冲形成装置，这些装置只限于产生较短的冲击脉冲。每次试验后，这些铅球或铅块要更换，但铅可以重新熔化和模制。

　　铅体的形状决定了冲击脉冲的形状。例如，压扁一个圆锥形铅体能产生近似锯齿形的后峰冲击脉冲。

（5）蜂房式整形器

蜂房式脉冲形成装置是非弹性的脉冲形成装置。它可以用金属材料或纤维材料薄壁盒制成，这些薄壁盒在受载时被压坏并产生永久变形。这种脉冲形成装置可以产生可控制上升时间的梯形脉冲，每次试验后蜂房要更换。

不同的蜂房结构可产生非对称的脉冲。若蜂房是三棱柱形，其接触的横截面积随变形的增大，能产生锯齿形脉冲。

（6）橡胶或高强度塑料型整形器

半正弦和三角形冲击脉冲通常由各种回弹装置来产生。用撞击质量和脉冲形成装置组合起来模拟典型的无阻尼单自由度的弹簧质量系统，冲击脉冲是该系统的半周振荡。冲击脉冲形成装置起着弹簧的作用，使用完全线性的或准线性的弹簧（力与变形成线性关系）将产生半个正弦脉冲。逐渐增大非线性硬化弹簧特性能产生近似于三角形的尖脉冲。

橡胶型。它的脉冲形成装置属于准弹性脉冲形成装置，因为是高弹性的，通常用来产生需要的半正弦脉冲。当变形大时，就产生三角形脉冲或抛物线尖顶脉冲。该装置的材料可用橡胶和类似橡胶的塑料，并且对多次冲击脉冲是可重复使用的。

高强度塑料。它的脉冲形成装置是准弹性的脉冲形成装置，通常用于要求由高的动态弹性刚度来产生脉冲持续时间短的半正弦脉冲。很多高强度塑料都可使用，例如，聚丙烯、乙酰均聚树脂和纤维层压酚醛塑料。通常把脉冲形成装置的最大应力设计在弹性极限之内，所以允许重复使用多次。当这些材料与具有适当线性刚度的材料串压在一起使用时就能产生三角形脉冲。

可见其原理就是采用脉冲形成装置在受到冲击时的加载及卸载时间的不同，来达到调制冲击脉冲波形的目的。所研制的高加速度冲击试验装置中的波形整形器便属于这一类。因此，以下将就响应头和带有波形整形器的冲杆的碰撞为研究对象，对半正弦冲击加速度脉冲波形的调整技术进行研究，使得高加速度冲击试验装置尽可能多地满足不同冲击加速度峰值及脉宽要求的高加速度冲击测试。

7.3　橡胶通用波形整形器设计基础

如图 7.12 所示的跌落冲击试验台中，工作台面的刚度往往比整形器大得多，可以不计其冲击时的变形。而整形器的质量比之工作台面与载荷来说很小，可以忽略其质量。考虑冲击效应，砧座和底座的质量通常比工作台面及负载还大得多。因此，整个冲击过程可简化成集中质量 M 以初速度 v_0 与橡胶整形器相碰撞，如图 7.18 所示。

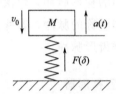

图 7.18　跌落冲击台橡胶整形器冲击过程模型

图 7.18 中 $a(t)$ 为 M 与整形器接触冲击过程中的加速度，$F(\delta)$ 为整形器受冲击过程中的恢复力，$\delta(t)$ 为整形器的变形量，$F(\delta)$ 是 $\delta(t)$ 的函数。可得冲击过程的能量平衡方程为：

$$\frac{1}{2}Mv_0^2 + Mg\delta(t) = \int F(\delta)\,\mathrm{d}\delta \tag{7.27}$$

整个冲击过程包含压缩和回弹两个阶段，当整形器恢复到无压缩变形位置时，即完成一次冲击。当整形器在冲击过程的最大压缩量为 δ_m 时（小于等于整形器橡胶的最大允许压缩量 δ_0），式(7.27) 变为：

$$\frac{1}{2}Mv_0^2 + Mg\delta_\mathrm{m} = \int_0^{\delta_\mathrm{m}} F(\delta)\,\mathrm{d}\delta \tag{7.28}$$

在设计波形整形器时，首先根据跌落冲击试验机的安装需求，设计合适的结构，再选择橡胶材料类型，通过冲击试验获得整形器的 $F(t)$、$\delta(t)$ 和 $F\text{-}\delta$（恢复力-压缩量）曲线，拟合得到曲线方程[2,102-103]。

通常情况下，橡胶材料的典型冲击特性如图 7.19 所示。

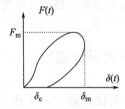

图 7.19　橡胶材料典型的冲击 $F\text{-}\delta$ 曲线

由图 7.19 可知，当整形器取得最大恢复力 F_m 时，压缩量并非取得最大值 δ_m。同时在冲击结束时，由于阻尼作用，在恢复力返回至零时，整形器压缩量并不也回到零位，而呈现出一定的残余变形量 δ_c。

一般地，在冲击试验机和被试件及波形整形器确定后，M、δ_0 和整形器初始刚度 k_0 是确定的，根据式（7.28），可得到该冲击条件下整形器的压缩量 δ_a，其是 v_0 的函数。因此，通过试验，可以确定在该冲击条件下整形器的可用最大冲击速度 v_m。

同时，由图 7.18 可得动力学方程：

$$Ma(t) - Mg = F(t) \tag{7.29}$$

由图 7.18 可以确定，$a(t) = \ddot{\delta}(t)$。根据式（7.29），可得到关于 $\delta(t)$ 的二阶微分方程。

在冲击压缩开始时，有初始条件：

$$\delta(0) = \dot{\delta}(0) = \ddot{\delta}(0) = 0 \tag{7.30}$$

在整形器的压缩量为 δ_a 时，$\dot{\delta}(t) = 0$。

所以，可以求解 $\delta(t)$ 的二阶微分方程。

值得注意的是，$F(\delta)$ 函数往往较为复杂，更多情况下则无法获得曲线方程。所以要获得 $\delta(t)$ 的解析解是十分困难的，但可以通过数字方法得到 $\delta(t)$ 的数字解。再对 $\delta(t)$ 进行二次数字微分，即可得到加速度曲线 $a(t)$，进一步确定冲击加速度峰值、脉宽和波形。

实际上，波形整形器是根据已有冲击试验机和所需加速度峰值、脉宽和波形而设计的。即已知 M 和 $a(t)$，根据上述分析，对 $a(t)$ 二次积分得到 $\delta(t)$，再用式（7.29），可得 $F(t)$。根据 $\delta(t)$ 和 $F(t)$ 绘制 $F\text{-}\delta$ 曲线，以此选择橡胶材料及结构形式，完成波形整形器设计。

7.4　高加速度长脉宽激励技术探讨

经过深入研究，科学家们发现被试件的破坏临界加速度值呈现出一种显著的趋势：随着冲击脉冲宽度的逐渐增大，该值却相应减小。这一发现强调了冲击加速度的峰值与脉冲宽度的双重作用，它们共同且显著地影响着被试件的抗过载安全性能。鉴于这一点，众多学者已进行了积极的研究和探索，并取得了一定的研究成果。

7.4.1 等压式大负载长脉宽冲击缓冲器

基于飞机起落架原理，等压式大负载长脉宽冲击缓冲器由徐刚等人[104]提出，在原有的结构原理基础上，给出改进的缓冲器三维模型如图 7.20 所示。

缓冲器主要由底座、防撞垫、锥形塞、缸套、衬套、限位器、活塞、进气孔、密封碰撞头组成。使用时，通过底座用螺栓与跌落冲击机基座相连接，在活塞下端缸套部分充上一定量阻尼液，再通过密封碰撞头的进气孔向活塞内加注高压气体。为保证密封性能，活塞和缸套、活塞与密封碰撞头、缸套与底座间均设计有环形密封结构，使用橡胶圈实现密封。限位器可防止活塞脱离缸套，防撞垫可防止活塞下端直接撞击底座。

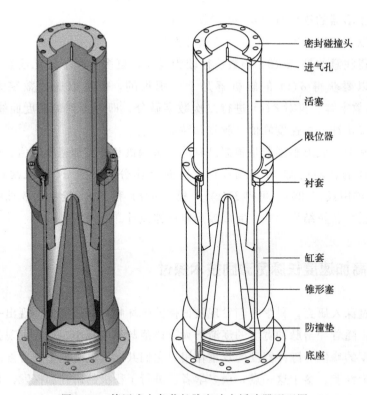

图 7.20 等压式大负载长脉宽冲击缓冲器原理图

当安装有被试件的冲击机工作台面以一定速度下落撞击密封碰撞头时，活塞将向下运动，但会受到空气阻力、液体阻力和活塞与缸套间摩擦力的共同作用，跌落的工作台面速度将急剧降低，以获得高加速度冲击过载环境。设计时，保证缓冲器总阻力基本保持不变，因此常称为等压缓冲器。试验时，通过调整阻尼液、缸内压力、锥塞结构、冲击能量（与冲击速度及工作台及被试件总质量有关），可获得脉宽数毫秒、加速度峰值 100g 左右的冲击过载环境，被试件质量可以达吨级，但波形往往较为复杂，g 值较低时为近似半正弦、g 值较高时多为近似前峰锯齿形脉冲，只能用于垂直跌落冲击试验机，且需要下沉式地基。当要求 g 值较高时，需借助重力势能之外的激励结构和能量以提高碰撞初速度，将使冲击机结构变得复杂。

7.4.2 液压爆炸模拟器

L. K. Stewart[103,105-106] 等人设计了一种液压爆炸模拟装置，能实现长脉冲大负载高加速度，其结构原理示意图如图 7.21 所示。

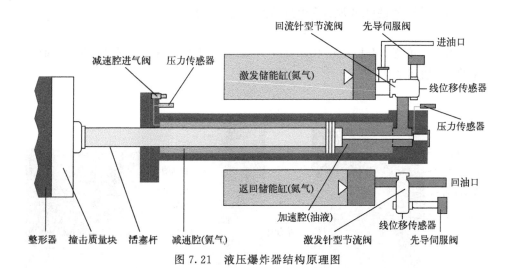

图 7.21 液压爆炸器结构原理图

液压爆炸模拟器主要由高压氮气储能器、针型节流阀、压力传感器、线位移传感器、伺服阀、活塞杆、撞击质量块等组成。其工作原理为：撞击质量块与活塞杆相连并置于支架滑轨之上，激发储能缸中一端是高压氮气，一端是高压油液；进入加速腔的油液流量通过线位移传感器、针型节流阀、先导伺服阀及控制系统控制；一旦阀门以所需的油液速率和流量打开，油液会激发活塞杆推动撞击质量块以一定的速度撞击被试件，即可产生高加速度冲击过载环境；通过返回储能缸、线位移传感器、针型节流阀、先导伺服阀及控制系统控制加速腔中的油液流出，实现减速腔的高压氮气自然反弹活塞杆，减速腔中的氮气压力在每次试验前进行校准，实现冲击持续时间的控制。

根据上述原理，液压爆炸模拟器可实现可控的高加速度冲击过载试验环境，且具有较好的精确性和重复性，具有全尺寸大负载结构件的冲击试验能力。实践验证，液压爆炸模拟器展现出了卓越的性能，其产生的推力峰值可高达 623kN，这一强大力量足以将总重达 110kg 的物体组合（包括活塞杆、撞击质量块及整形器等）迅速加速至 60m/s 的速度。L. K. Stewart 等人的试验表明，该模拟器还能在撞击过程中产生惊人的峰值加速度，范围横跨 1148g 至 5888g，其脉冲宽度则灵活可调，介于 2.15ms 至 0.40ms 之间，为模拟极端条件下的冲击测试提供了可能，满足了不同实验需求对脉冲宽度的精确控制。

7.4.3 基于弹性绳或尼龙带的长脉冲激励技术

借助弹力绳，Jahangir Rastegar 开发了一种高加速度长脉宽冲击试验装置[107]，如图 7.22 所示。

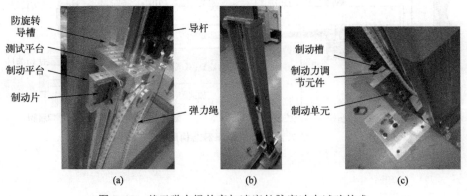

图 7.22 基于弹力绳的高加速度长脉宽冲击试验技术

　　由图 7.22 可知，该技术是一种垂直冲击试验方案。其工作原理是通过弹性绳将测试平台加速至预定速度，然后通过制动装置对测试平台进行减速，实现对被试件的高加速度冲击过载试验。考虑到测试平台及被试件的总质量，需要对制动力进行调节，以实现期望的减速过程。在减速过程中，制动力几乎恒定，因此可以实现几乎恒定的冲击过程。通过改变制动接合前测试平台的速度，可以调整被试件所受冲击的持续时间。

　　在对带有集成惯性点火器的弹药热电池进行试验时，该技术产生了峰值加速度为 $900g$ 值、脉冲宽度为 2.4ms 的过载环境。研发者宣称，该技术能够实现对被试件高度可重复的测试。被试件安装在一个开放的测试平台上，便于安装仪器，并能观察和视频记录其在冲击过程中运动和结构件的动态行为。一次测试仅需几分钟，而且只需几分钟即可通过重置制动机制来重复该测试。

　　基于同样的原理，开发者提出卧式高加速度冲击试验技术方案，以实现 $3000g$ 值、$3\mu s$ 脉宽的冲击试验环境。

7.5　高加速度冲击加速度波形整形实例

　　利用图 5.24 所展示的系统，试验验证了不同初速度对高加速度冲击加速度波形的整形效果，提供了一个具体的实例。即根据被试件的测试需求，选择合适的冲击初速度，可以调整峰值加速度与脉冲宽度，相关试验结果已在第 5.2.7 节中详尽阐述，故此处不再重复说明。

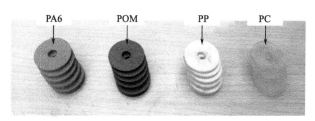

图 7.23　不同材料的波形整形器

表 7.3　不同材料波形整形器的测试结果

整形器材料	弹性模量/GPa	v_0/(m/s)	峰值加速度($10^3 g$)	脉宽/μs
PA6	8.3	3.1	324.1	134

续表

整形器材料	弹性模量/GPa	v_0/(m/s)	峰值加速度($10^3 g$)	脉宽/μs
POM	2.6	3.1	290.6	142
PC	2.3	3.1	289.0	136
PP	0.9	3.1	209.6	203

聚焦于特定的碰撞初速度 $v_0=3.1$m/s 的情境，我们进一步探索了采用厚度统一为 5mm 的多种塑料材料（包括 PA6、POM、PC 及 PP，具体形状如图 7.23 所示）作为脉冲整形器的效果。实验数据汇总于表 7.3 中。从表中可以清晰观察到一种规律性现象：随着脉冲整形器材料弹性模量的逐步减小，幅值加速度呈现出显著的下降趋势，而脉冲宽度则相应延长。这一发现与理论预期高度吻合，验证了材料属性对冲击加速度波形调控的直接影响。

参考文献

[1] 哈里斯，皮索尔. 冲击与振动手册 [M]. 刘树林，等译. 北京：中国石化出版社，2008.

[2] GB/T 2298—2010. 机械振动、冲击与状态监测　词汇 [S].

[3] GJB 150.18A—2009. 军用装备实验室环境试验方法　第 18 部分：冲击试验 [S].

[4] GJB 150.29—2009. 军用装备实验室环境试验方法　第 29 部分：弹道冲击试验 [S].

[5] Peng T，You Z. Reliability of MEMS in shock environments：2000—2020 [J]. Micromachines (Basel)，2021，12（11）：1275.

[6] 吴三灵，李科杰，张振海，等. 强冲击试验与测试技术 [M]. 北京：国防工业出版社，2010.

[7] Yoon S，Yazdi N，Chae J，et al. Shock protection using integrated nonlinear spring shock stops [C]. MEMS 2006 Istanbul，19th IEEE International Conference，2006.

[8] Yoon S H，Park S. A mechanical analysis of woodpecker drumming and its application to shock-absorbing systems [J]. Bioinspiration & Biomimetics，2011，6（1）：1-12.

[9] Yoon S W. Vibration isolation and shock protection for MEMS [M]. ProQuest，2009.

[10] Yoon S H，Roh J E，Kim K L. Woodpecker-inspired shock isolation by microgranular bed [J]. Journal of Physics D：Applied Physics，2009，42（3）：1-8.

[11] Isiet M，Mišković I，Mišković S. Review of peridynamic modelling of material failure and damage due to impact [J]. International Journal of Impact Engineering，2021，147（1）：1-18.

[12] Ledezma-Ramírez D F，Tapia-González P E，Ferguson N，et al. Recent advances in shock vibration isolation：an overview and future possibilities [J]. Applied Mechanics Reviews，2019，71（6）：1-23.

[13] Liu L，Xue S，Ni R，et al. Board level drop test for evaluating the reliability of high-strength Sn - Bi composite solder pastes with thermosetting epoxy [J]. Crystals，2022，12（7）：924.

[14] Sun W，Su Q，Yuan H，et al. Calculation and characteristic analysis on different types of shock response spectrum [J]. Journal of Physics：Conference Series，2020，1676（1）：012236.

[15] Novelo X，Chu H. Application of vibration analysis using time-frequency analysis to detect and predict mechanical failure during the nut manufacturing process [J]. Advances in Mechanical Engineering，2022，14（2）.

[16] Kelly R D，Richman G. Principles and techniques of shock data analysis [M]. US Government Printing Office，1971.

[17] Li B W，Li Q M. Damage boundary of structural components under shock environment

[J]. International Journal of Impact Engineering，2018，118：67-77.

[18] Hou D，Li Q M. Damage boundaries on shock response spectrum based on an elastic single-degree-of-freedom structural model [J]. International Journal of Impact Engineering，2023，173（3）：1-15.

[19] Miao Y. Critical appraising of Hopkinson bar techniques for calibrating high g accelerometers [J]. Metrology and Measurement Systems，2019，26（2）：335-343.

[20] Yang Z，Wang Q，Du H，et al. Dynamic characterization method of accelerometers based on the Hopkinson bar calibration system [J]. Sensors and Actuators A：Physical，2019，293：21-28.

[21] Xu L，Li Y，Li J. Analysis of the failure and performance variation mechanism of MEMS suspended inductors with auxiliary pillars under high-g shock [J]. Micromachines（Basel），2020，11（11）.

[22] Singh V，Kumar V，Saini A，et al. Response analysis of MEMS based high-g acceleration threshold switch under mechanical shock [J]. International Journal of Mechanics and Materials in Design，2020，17（1）：137-151.

[23] Tyas A，Reay J J，Fay S D，et al. Experimental studies of the effect of rapid afterburn on shock development of near-field explosions [J]. International Journal of Protective Structures，2016，7（3）：452-465.

[24] Bae-Seong K，Lee J. Development of impact test device for pyroshock simulation using impact analysis [J]. Aerospace，2022，9（8）：407.

[25] Wang T，Zha X，Chen F，et al. Mechanical impact test methods for hard coatings of cutting tools：a review [J]. The International Journal of Advanced Manufacturing Technology，2021，115（5-6）：1367-1385.

[26] Sisemore C，Babuška V. The science and engineering of mechanical shock [M]. Springer，2020.

[27] 本书编著委员会. 力学环境试验技术 [M]. 西安：西北工业大学出版社，2003.

[28] 别里涅茨 B C. 冲击加速度测量 [M]. 萱显铨，李文龙，王贵中，译. 北京：新时代出版社，1982.

[29] GB/T 2423.5—2019. 环境试验 第2部分：试验方法 试验 Ea 和导则：冲击.

[30] MIL-STD-220G. SHOCK（SPECIFIED PULSE）.

[31] Henclik S. Application of the shock response spectrum method to severity assessment of water hammer loads [J]. Mechanical Systems And Signal Processing，2021，157：1-15.

[32] Yan Y，Li Q. A general shock waveform and characterisation method [J]. Mechanical Systems And Signal Processing，2020，136：106508.

[33] 吴三灵. 实用振动实验技术 [M]. 北京：兵器工业出版社，1993.

[34] Chen J，Wang L，Racic V，et al. Acceleration response spectrum for prediction of

structural vibration due to individual bouncing [J]. Mechanical Systems And Signal Processing, 2016, 76/77: 394-408.

[35] Smallwood D O. An improved recursive formula for calculating shock response spectra [J]. Shock and Vibration Bulletin, 1981, 51 (2): 211-217.

[36] Smallwood D O. Shock response spectrum at low frequencies [J]. The Shock and Vibration Bulletin (SAVIAC), 1986, 1: 279-288.

[37] Martin J N, Sinclair A J, Foster W A. On the shock-response-spectrum recursive algorithm of kelly and richman [J]. Shock and Vibration, 2012, 19 (1): 19-24.

[38] Gaberson H A. Pseudo velocity shock data analysis calculations using octave [M]. Springer. 2013: 499-514.

[39] Gaberson H A. Shock severity estimation [J]. Sound & vibration, 2012, 46 (1): 12-20.

[40] Gaberson H A. Simple shocks have similar shock spectra when plotted as PVSS on 4CP [C]. proceedings of the Proceedings of the 82nd Shock and Vibration Symposium, 2011.

[41] Gaberson H A. Estimating shock severity [J]. Springer, 2011, 1: 515-532.

[42] Gaberson H A. Use of damping in pseudo velocity shock analysis [C]. 26th IMAC Conference on Structural Dynamics, 2008.

[43] Gaberson H A. Pseudo velocity shock spectrum rules for analysis of mechanical shock [J]. IMAC XXV: A Conference & Exposition on Structural Dynamics, 2007.

[44] IEC 60068-2-27: 2008. Environmental testing Part 2-27: Tests-Test Ea and guidance: Shock.

[45] GJB 360B—2009. 电子及电气元件试验方法.

[46] NASA-STD-7003A. PYROSHOCK TEST CRITERIA.

[47] 北京航天希尔测试技术有限公司. BAIS 系列高加速度冲击试验台 [M]. 2012.

[48] 吴斌. 气压驱动垂直冲击试验台设计 [J]. 机械设计与制造, 2002, 5 (5): 38-40.

[49] 王招霞, 宋超. 摆锤式冲击响应谱试验机的调试方法 [J]. 航天器环境工程 ISTIC, 2010, 27 (3): 3.

[50] 艾兆春. 摆锤式冲击试验机检定装置的不确定度分析 [J]. 科技资讯, 2010, 002: 96-97.

[51] 赵清望. 摆锤式冲击试验机的加速度频率响应谱及基本参数计算式 [J]. 上海机械学院学报, 1994, 16 (4): 51-57.

[52] Kaiser M A. Advancements in the split Hopkinson bar test [D]. Virginia Polytechnic Institute and State University, 1998.

[53] 李玉龙, 郭伟国, 贾德新, 等. 高加速度加速度传感器校准系统的研究 [J]. 爆炸与冲击, 1997, 17 (1): 90-97.

[54] Kelly G, Punch J, Goyal S, et al. Shock pulse shaping in a small-form factor velocity

amplifier [J]. Shock And Vibration, 2010, 17 (6): 787-802.

[55] Rodgers B, Goyal S, Kelly G, et al. The dynamics of multiple pair-wise collisions in a chain for designing optimal shock amplifiers [J]. Shock And Vibration, 2009, 16 (1): 99-116.

[56] Sheehy M, Reid M, Punch J, et al. The failure mechanisms of micro-scale cantilevers in shock and vibration stimuli [C]. IEEE, 2008.

[57] Rodgers B, Goyal S, Kelly G, et al. The dynamics of shock amplification [M]. London: Proceedings of the World Congress on Engineering, 2008.

[58] Kelly G, Punch J, Goyal S, et al. Analysis of shock pulses from a small velocity amplifier [J]. Congress and Exposition on Experimental and Applied Mechanics, 2008.

[59] Sheehy M, Kelly G, Rodgers B, et al. Analysis of high acceleration shock pulses part II: Pulse Shaper Material [M]. 2007.

[60] Kelly G, Sheehy M, Rodgers B, et al. Analysis of high acceleration shock pulses part I: Geometry of Incident Mass [C]. 2007.

[61] Cai S, Wu D, Zhou J, et al. Improvement and application of miniature Hopkinson bar device based on series-parallel coil array electromagnetic launch [J]. Measurement, 2021, 186: 110203.

[62] Liu Z, Chen X, Lv X, et al. A mini desktop impact test system using multistage electromagnetic launch [J]. Measurement, 2014, 49: 68-76.

[63] Chen X, Liu Z, He G, et al. A novel integrated tension-compression design for a mini split Hopkinson bar apparatus [J]. Review of Scientific Instruments, 2014, 85 (3): 035114.

[64] Shang Q X, Yang S Q. Influencing factor analysis of bullet penetrating performance and study on hard target smart fuze scheme [J]. Information and electronic engineering, 2003, 1 (3): 51-55.

[65] Davis B S. Using low-cost MEMS accelerometers and gyroscopes as strapdown IMUs on rolling projectiles [M]. IEEE, 1998: 594-601.

[66] Burke L W, Irwin E S, Faulstich R, et al. High-g power sources for the US Army's HSTSS programme [J]. Journal of Power Sources, 1997, 65 (1-2): 263-270.

[67] Goldsmith W. Impact: The theory and physical behaviour of colliding solids [M]. London: Edward Arnold Publishers, 1960.

[68] Hu B, Schiehlen W, Eberhard P. Comparison of analytical and experimental results for longitudinal impacts on elastic rods [J]. Journal of Vibration And Control, 2003, 9 (1-2): 157-174.

[69] Johnson K L, Johnson K K L. Contact mechanics [M]. Cambridge university press, 1987.

[70] Hunter S. Energy absorbed by elastic waves during impact [J]. Journal of The Mechan-

ics and Physics of Solids，1957，5（3）：162-171.

［71］ 张文. 弹性系统撞击响应的线化法［J］. 固体力学学报，1981，3：317-325.

［72］ Gilardi G，Sharf I. Literature survey of contact dynamics modelling［J］. Mechanism and Machine Theory，2002，37（10）：1213-1239.

［73］ Schiehlen W，Seifried R. Three approaches for elastodynamic contact in multibody systems［J］. Multibody System Dynamics，2004，12（1）：1-16.

［74］ Martin M，Doyle J. Impact force identification from wave propagation responses［J］. International Journal of Impact Engineering，1996，18（1）：65-77.

［75］ Hu B，Eberhard P. Symbolic computation of longitudinal impact waves［J］. Computer Methods in Applied Mechanics and Engineering，2001，190（37）：4805-4815.

［76］ Campbell J. An investigation of the plastic behaviour of metal rods subjected to longitudinal impact［J］. Journal of the Mechanics and Physics of Solids，1953，1（2）：113-123.

［77］ Hu B，Eberhard P. Experimental and theoretical investigation of a rigid body striking an elastic rod［M］. Univ.，Sonderforschungsbereich，2000.

［78］ Barton C S，Volterra E G，Cirton S. On elastic impacts of spheres on long rods［C］. proceedings of the Proceedings of the 3rd US National Congress on Applied Mechanics，1958.

［79］ Sears J. On the longitudinal impact of metal rods with rounded ends［C］. proceedings of the Proceedings of the Cambridge Philosophical Society，1908［C］.

［80］ Johnson W. Impact strength of materials［M］. London：Edward Arnold，1972.

［81］ Hu B，Eberhard P，Schiehlen W. Solving wave propagation problems symbolically using computer algebra［J］. Dynamics of Vibro-Impact Systems，1999：231-240.

［82］ 康垂令. 关于恢复系数 e 的讨论［J］. 大学物理，1997，16（012）：18-20.

［83］ 杨瑞萍. 关于恢复系数定义的适用范围［J］. 菏泽师专学报，1999，21（4）：63-65.

［84］ 秦志英，陆启韶. 基于恢复系数的碰撞过程模型分析［J］. 动力学与控制学报，2007，4（4）：294-298.

［85］ 孙安媛，黄沛天. 也谈完全非弹性碰撞和恢复系数［J］. 大学物理，2001，20（3）：9-11.

［86］ 刘德顺，李夕兵，朱萍玉. 冲击机械动力学与反演设计［M］. 北京：科学出版社，2007.

［87］ 刘鸿文. 材料力学［M］. 5 版. 北京：高等教育出版社，2011.

［88］ 齐杏林，杨清熙，文健，等. 基于气体炮的引信动态模拟方法综述［J］. 探测与控制学报，2011，33（4）：1-5.

［89］ 翁雪涛，黄映云，朱石坚，等. 利用气体炮技术测定隔振器冲击特性［J］. 振动与冲击，2005，24（1）：103-105.

［90］ Forrestal M，Togami T，Baker W，et al. Performance evaluation of accelerometers used for penetration experiments [J]. Experimental Mechanics, 2003, 43 (1): 90-96.

[91] 高明坤. 空气炮高过载加速器研究 [J]. 北京理工大学学报, 1989, (2): 82.

[92] 王金贵. 气体炮及其常规测试技术 (一) [J]. 爆炸与冲击, 1988, 8 (1): 89-95.

[93] 王金贵. 气体炮及其常规测试技术 (二) [J]. 爆炸与冲击, 1988, 2 (015).

[94] 王金贵, 武器工业. 气体炮原理及技术 [M]. 北京: 国防工业出版社, 2001.

[95] Bagher S A, Naghdabadi R, Ashrafi M J. Experimental and numerical study on choosing proper pulse shapers for testing concrete specimens by split Hopkinson pressure bar apparatus [J]. Construction and Building Materials, 2016, 125: 326-336.

[96] Naghdabadi R, Ashrafi M J, Arghavani J. Experimental and numerical investigation of pulse-shaped split Hopkinson pressure bar test [J]. Materials Science and Engineering: A, 2012, 539: 285-293.

[97] Gerlach R, Sathianathan S K, Siviour C, et al. A novel method for pulse shaping of Split Hopkinson tensile bar signals [J]. International Journal of Impact Engineering, 2011, 38 (12): 976-980.

[98] Cloete T J, van der Westhuizen A, Kok S, et al. A tapered striker pulse shaping technique for uniform strain rate dynamic compression of bovine bone [J]. 2009, 1: 901-907.

[99] Vecchio K S, Jiang F. Improved pulse shaping to achieve constant strain rate and stress equilibrium in split-hopkinson pressure bar testing [J]. Metallurgical and Materials Transactions A, 2007, 38 (11): 2655-2665.

[100] Frew D J. Pulse shaping techniques for testing elastic-plastic materials with a split Hopkinson pressure bar [J]. Experimental Mechanics, 2005, 45 (2): 186-195.

[101] Song B, Chen W. Loading and unloading split Hopkinson pressure bar pulse-shaping techniques for dynamic hysteretic loops [J]. Experimental Mechanics, 2004, 44 (6): 622-627.

[102] Iqbal M Z, Israr A. To predict a shock pulse using non linear dynamic model of rubber waveform generator [J]. International Journal of Impact Engineering, 2021, 147: 103731.

[103] Freidenberg A, Lee C W, Durant B, et al. Characterization of the blast simulator elastomer material using a pseudo-elastic rubber model [J]. International Journal of Impact Engineering, 2013, 60: 58-66.

[104] 徐刚, 于治会. 大负荷长持续时间的跌落冲击台 [J]. 试验技术与试验机, 2002, 42 (1): 23-26.

[105] Stewart L K, Freidenberg A, Rodriguez-Nikl T, et al. Methodology and validation for blast and shock testing of structures using high-speed hydraulic actuators [J]. Engineering Structures, 2014, 70: 168-180.

[106] Stewart L K, Durant B, Wolfson J, et al. Experimentally generated high-g shock

loads using hydraulic blast simulator [J]. International Journal of Impact Engineering, 2014, 69: 86-94.

[107] Meyendorf N G, Rastegar J S. A new class of high-g and long-duration shock testing machines [J]. SPIE Smart Structures and Materials, 2018.